涡轮叶片本征力学性能
测试及评估

岳珠峰　温志勋　王俊东　著
　　　　李　明　陈瑞卿

科学出版社

北京

内 容 简 介

本书针对涡轮叶片本征力学性能，系统地对涡轮叶片小试样取样方法、涡轮叶片小试样取样编码及硬件管理规则、小试样与标准试样映射关系理论，以及涡轮叶片小试样取样在叶片抗蠕变性评估、叶片剩余寿命评估、叶片排故中的应用等进行介绍，包括不同结构形式涡轮叶片的取样方法、考虑颈缩大变形的小试样单轴拉伸试验数据转化方法、考虑颈缩大变形的小试样单轴蠕变试验数据转化方法、疲劳载荷作用下的小试样与标准试样加载应变的转化关系、涡轮叶片原位取样在结构强度、剩余寿命、叶片排故等领域的应用等内容。

本书可供航空航天类、工程力学等相关专业的师生参考，也可供相关领域科研人员和工程技术人员阅读和参考。

图书在版编目（CIP）数据

涡轮叶片本征力学性能测试及评估 / 岳珠峰等著. -- 北京 ：科学出版社，2025.3. --ISBN 978-7-03-079822-0

Ⅰ. V232.4

中国国家版本馆 CIP 数据核字第 2024XT1918 号

责任编辑：杨 丹 罗 瑶 / 责任校对：王萌萌
责任印制：徐晓晨 / 封面设计：陈 敬

科学出版社 出版
北京东黄城根北街 16 号
邮政编码：100717
http://www.sciencep.com
三河市春园印刷有限公司印刷
科学出版社发行 各地新华书店经销

*

2025 年 3 月第 一 版 开本：720×1000 1/16
2025 年 3 月第一次印刷 印张：11 1/4
字数：222 000
定价：138.00 元
（如有印装质量问题，我社负责调换）

前　言

涡轮叶片是航空发动机的"第一关键件"和"性能决定件"。在航空发动机研制中，工作在高温、高压、高转速条件下的涡轮叶片，承受离心、气动、热、振动等多种载荷的共同作用，其服役环境恶劣，受力复杂，因此对其寿命和可靠性提出了更高的要求。目前，对于航空发动机涡轮叶片的小试样测试、研究和应用较少，镍基单晶合金力学行为和表征研究普遍基于单独铸造试样的试验。受到铸造及薄壁效应的影响，叶片材料的微结构、铸造缺陷等和单独铸造的试样有较大差异；同时，叶片冷却内部表面不进行机械加工，原始铸造表面质量、薄壁结构导致的薄壁尺寸效应等对疲劳性能有较大影响，即需要针对冷却叶片的材料特征和结构特征，开发冷却叶片本征力学性能的测试方法和理论模型。

本书深入研究了涡轮叶片本征力学性能测试及评估。全书共 8 章。第一，介绍不同结构形式涡轮叶片的取样技术及小试样的研究现状。第二，从新型高温大应变测量技术入手介绍小试样的测量技术，包括光纤传感器的基本原理、工作环境、粘贴工艺和测试流程，展示了应用复合型光纤传感器的测试结果。在复合型光纤传感器的辅助下，叶片解剖小试样可以实现单轴拉伸、低周疲劳、蠕变等工况的测试。第三，介绍涡轮叶片解剖小试样在叶片抗蠕变性和叶片剩余寿命评估中的应用，结果表明叶片不同部位的原始微观组织存在显著差异，同时服役一定阶段后，叶片不同部位的微观组织演化程度也存在很大差异。通过识别叶片不同服役时间的微观组织形貌，提出一种剩余蠕变寿命预测理论模型，并结合试验数据进行验证。第四，介绍叶片排故中的小试样方法。第五，论述如何使用叶片原位取样试验数据评估涡轮叶片的本征力学性能。本书的相关研究成果已成功应用于叶片抗蠕变性评估、叶片剩余寿命评估、叶片排故等实际问题解决中，并取得了良好的应用效果，为后续的工程应用提供了基础，具有重大的实践意义。

在此对本书参考和引用的所有文献作者表示感谢，同时，感谢课题组博士研究生郑旭光、戴杰宇和硕士研究生吴文青、古晓蕾、徐向前、杨朗、石骁屹等在涡轮叶片本征力学性能研究方面做出的不懈努力。

由于作者水平有限，书中难免存在疏漏和不足之处，恳请广大读者不吝赐教，予以指正。

目　　录

第1章 绪　　论

1.1　背景及意义

1.1.1　叶片结构完整性要求

在航空发动机研制中，工作在高温、高压、高转速下的涡轮叶片，承受了离心、气动、热、振动等多种载荷的共同作用，其服役环境恶劣，受力复杂，因此对其寿命和可靠性提出了更高的要求。涡轮叶片研制的整个周期涉及材料、设计、制造、试验测试等多个专业领域，设计中气动、传热、结构强度等多学科迭代；制造时材料、铸造、特种工艺等多环节作用；试验时模拟件-真实件-单元体-整机多层级验证等。涡轮叶片是发动机研制中最难攻克的技术之一，各国对此投入巨大。可以说，涡轮叶片的研发能力和水平，某种程度上代表了其所属航空发动机的先进程度，甚至体现了一个国家的整体制造能力。在发动机涡轮叶片研制过程中，结构完整性要求是保证其可靠性的先决条件，其中涉及了结构功能、强度、刚度(变形)、振动、疲劳、蠕变、损伤容限、寿命等方面内容，不仅与航空发动机的气动热力学问题相关，还与结构材料和制造工艺密切相关[1-10]。

1.1.2　叶片本征力学性能测试的必要性

航空发动机服役过程中，其核心部件涡轮叶片通常在高温、高压、高转速条件下工作，载荷有离心、气动、热、振动等形式，恶劣的服役环境和复杂的受力状态导致其寿命和可靠性的设计和评估异常困难。目前，对于航空发动机涡轮叶片的小试样测试、研究和应用较少，镍基单晶合金力学行为和表征研究普遍基于单独铸造试样的试验。涡轮叶片通常由浇铸方式一次铸造成型，受浇铸模壳的形状差异影响，成型后叶片不同部位的微观组织结构、铸造缺陷和单独铸造的试样均存在较大差异。对于空心叶片，由于内部表面无法进行机械加工，其表面质量、局部薄壁效应等因素对涡轮叶片的疲劳性能有较大影响。因此，需要针对气冷镍基高温合金叶片的材料特征和结构特征，开发本征力学性能的测试方法和理论模型。

单独铸造的试样不适合用于研究镍基单晶涡轮冷却叶片的本征疲劳力学行为和描述模型，需要从叶片中直接取样。受到叶片可取材料的限制，传统疲劳试验标准(如《金属材料轴向等幅低循环疲劳试验方法》(GB/T 15248—2008))的最小试样尺寸已不适用，因此需要发展小疲劳试样试验技术。图 1.1 为常规铸造镍基高温合金 IN738 制成的工业燃气轮机叶片及其金相检验和小试样位置示意图，图 1.2 为 850℃下叶根和翼型截面提取的金相检测的位置和小尺寸试样。与叶根截面相比，服役过程中复杂载荷作用导致的微观结构变化使翼型截面的拉伸和低周疲劳性能降低。由于航空发动机燃气涡轮叶片使用年限的特殊要求，需要开发更小尺寸的小试样及测试方法，以应对单晶涡轮叶片及其热障涂层(thermal barrier coatings，TBC)系统热机械性能评估过程中遇到的尺寸效应，涂层和基体材料之间的界面性能及多尺度表征等挑战。单晶涡轮叶片材料在蠕变、疲劳、黏弹性或蠕变-疲劳交互作用方面的性能，以及它们在温度、时间、特殊位置和方向上的变化，都是影响涡轮叶片性能的关键问题。

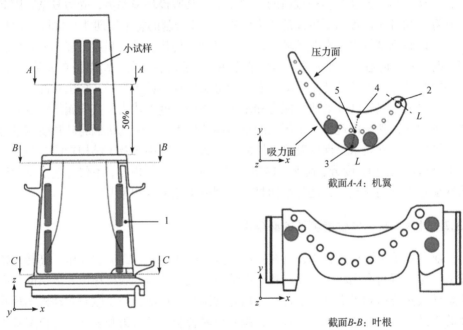

图 1.1　常规铸造镍基高温合金 IN738 制成的工业燃气轮机叶片及其金相检验和小试样位置示意图[9]

L-横截面；1～5 表示特定位置或关键点

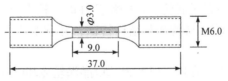

图 1.2　850℃下叶根和翼型截面提取的金相检测的位置和小尺寸试样(单位：mm)

1.2 标准试样测试方法

材料力学性能反映了材料在不同载荷与环境条件下的变形、损伤与断裂行为规律，主要包括强度、塑性、韧性和硬度等指标。材料力学性能具有两方面的作用。一方面，材料力学性能指标具有量化特征，广泛服务于工程领域，如工程结构设计、原材料的优化选择和产品的质量检测。另一方面，材料力学性能与材料的微观结构密切相关，基于目标力学性能，设计微观组织结构并选择合适的制备工艺，能够有效地加速材料的研发工作。因此，获取材料的力学性能具有十分重要的科学与工程意义[11-14]。

一般情况下，材料的力学性能通过相应的力学测试方法获取，如拉伸测试、硬度测试、蠕变测试、断裂韧性测试和疲劳测试等[11, 12]。为了保证结果的一致性、唯一性和可重复性，力学测试通常需要按照相应的测试标准进行。这些标准详细规定了测试面临的关键问题，如样品几何尺寸、测试设备、测试流程、操作规范和数据分析方法等。经过多年的发展和完善，大多数测试标准已经日趋成熟和稳定。一些国家建立了完善的测试标准体系，如中国(GB)、美国(ASTM)、英国(BS)、德国(DIN)和日本(JIS)，并在国际标准化组织(ISO)的框架下推动国际标准的制定工作。测试样品是力学测试的基本载体，其几何尺寸在测试标准中具有明确的规定[14,15]。满足标准规定的测试样品被称为标准试样，通常具有下列特征：①样品具有足够的几何尺寸，能够包含足够数量的微观特征(如晶粒、晶界、第二相和夹杂物等)，以反映材料在宏观尺度下的力学行为；②样品在加载过程中能够满足一定的力学条件，如单轴拉伸均匀变形阶段下的单轴应力状态，断裂韧性测试中裂纹尖端的平面应变状态，使测试结果准确反映规定状态下的力学响应行为；③样品具有几何相似性(甚至唯一性)，使样品依赖性指标能够实现相互比较，如材料的总延伸率和冲击韧性；④样品具有较为简单的几何形状，便于样品的机械加工和装卡操作。为了满足上述特性所需的力学条件，标准试样通常具有较为明确的尺寸下限。

在工程应用中，有许多部件常常在高温环境下工作，如发电厂的汽轮机叶片、航空发动机的涡轮叶片、超塑性成形的模具等，高温环境会引起材料的变形。为了预测这些部件的变形行为，需要了解材料的整体变形性能。图 1.3 为典型的常规单轴拉伸试样，常用于获得材料的整体力学性能。为了生成代表材料整体性能的数据，一般接受的经验法则如下：与测试材料的冶金特征(晶粒尺寸)相比，测量处截面的横截面积应该大。当然，有必要对此进行更好的量化。然而，可以肯定的是，在许多情况下，经验法则大大高估了对测量处截面尺寸的要求。此外，通常需要相对较大的直径(通常为 8～10mm)和标距段长度(通常为 40～80mm)来实现应变测量的高灵敏度和精度。具有相对较大的标距段长度通常允许高精度的平均应变测量。用于试样制造、试样校准、载荷控制、温度控制(时间和空间)、数据记录等方法都是完善且标准化的。

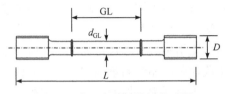

图 1.3　典型常规单轴拉伸试样
GL-标距段长度；d_{GL}-标距段直径；L-试样长度；D-加持段直径

1.3　小试样研究现状

在材料力学性能评估中，标准试样测试方法一直是最广泛采用的手段，尤其是当需要精确测量材料在常规条件下的应力应变行为时。然而，标准试样测试方法在特定条件下存在明显局限。例如，当材料体积受限、材料昂贵或试验环境复杂时，难以制备满足标准尺寸要求的样品。此外，标准试样通常要求较大的材料体积，这在新材料开发、微结构分析及服役状态评估中并不总是可行的。

为了应对这些挑战，小试样测试方法应运而生，逐渐成为材料力学性能评估的关键工具之一。小试样测试方法不仅能够在样品体积有限的情况下进行力学测试，还能为核科学、微电子工程、纳米材料等领域提供重要的试验数据。鉴于其应用广泛，小试样测试方法已经成为材料科学与工程研究的重点领域之一，并取得了显著的进展。关于小试样拉伸测试的研究工作主要可以分为三个方面，分别为样品尺寸效应及其表现形式、小试样与标准试样之间的数据关联和新型测量方法的应用。其中，研究样品尺寸效应能够从本质上理解测试结果的偏差，有助于指导样品的优化设计，使测试结果反映稳定的宏观力学性质。在此基础上，建立数据关联能够实现小试样与标准试样测试结果间的数据可比性，并挖掘更多的数据信息。此外，新型测量方法的应用能够提高测试精度，并弥补传统测量手段的不足。

当样品尺寸小于临界尺寸时，测试强度将会发生较为明显的偏差，但偏差方向与被测材料的韧脆性质有关。若被测材料的韧性较好，偏差的主要控制因素为表面晶粒具有的应力松弛效应。在这种情况下，样品尺寸减小能够提高表面晶粒占比，进而导致显著的表面应力松弛效应，使测试强度低于被测材料的本征强度。反之，若被测材料韧性较差，偏差的主要控制因素变为样品内的脆性特征微观结构，如脆性相、夹杂物或者长裂纹。对于这种情况，样品尺寸的减小能够降低样品内部的脆性微观结构，降低材料发生脆性断裂的概率，进而使测试强度高于被测材料的宏观本征强度。

1.3.1 小试样拉伸测试的数据关联

由于标准试样几何形状的非唯一性，即使采用上述样品设计准则，小试样拉伸测试结果依然面临着与标准试样结果之间的数据关联问题。拉伸测试的数据关联方法较为成熟，通常可以分为总延伸率转换和真应力应变曲线提取两大类。总延伸率指标具有显著的几何依赖性，为了实现与标准试样结果的直接对比，小试样的测量值通常需要进行数据转换。常用的转换方式有两类：第一类为经验关联法，常用于工程领域，具有相应的标准；第二类为具有明确物理意义的方法，仅适用于应变率敏感性较低的材料。为了提升小试样测试结果的准确性，并获取更多的力学信息，有必要基于测试结果提取真应力应变曲线。当小试样的几何形状较为特殊时，直接测量结果可能存在一定程度的误差。例如，当样品平行区域的长宽比较小时，拉伸曲线将会显著偏离标准试样结果，无法反映材料的真实力学性能。另外，为了计算材料的断裂韧性和预测部件的断裂行为，需要获取材料颈缩阶段的应力应变响应。上述两类情况均需要基于测试结果提取被测材料的真应力应变曲线。真应力应变曲线可以采用两类策略获取。第一类为解析型外推，如经典的 Bridgman[16]方法，但此方法只适用于圆棒样品，且准确程度受限。第二类为反向有限元方法[17-19]，该方法按照试验条件建立有限元模型，通过迭代收敛算法搜索最优的真应力应变曲线作为模型输入，使模拟曲线与试验曲线之间的残差降至最低。该方法的精度较高，且具有良好的普适性，但需要耗费一定的计算资源。

1.3.2 测试设备与新型测量技术

小试样拉伸测试需要采用专门的微型化测试设备进行。与普通试验机相比，微型化设备的载荷位移传感器具有量程小和精度高的特点，因此更适用于小试样测试。此外，微型测试设备通常配备了合适的样品卡具和卡具接口，具有更好的操作性和扩展性。样品的延伸率测量是小试样拉伸测试的难点。标准试样通常采用接触式引伸计进行延伸率测量。然而，该方法在通常情况下并不适用于小试样。这主要因为小试样的平行段通常较短，适用的引伸计极其有限。此外，小试样的刚度通常很低，采用接触式引伸计容易造成样品的意外变形，影响测试结果的准确性。为了解决上述问题，小试样平行区域的伸长量通常采用样品两端的伸长量近似表示。然而，这种近似处理不可避免地计入了样品平行区域外的变形量，因此存在一定程度的误差。近年来，随着非接触式应变测量技术的发展，小试样延伸率的测量问题得到了极大解决。常用的非接触式测量方法包括光学引伸计和数字图像相关(DIC)技术。前者采用激光干涉方法在样品表面形成特征纹理，通过追踪标距区域两端的表面纹理，实现延伸率的非接触测量。该方法对测试条件的要求较低，只需配备光学引伸计即可实现测量，因而较适用于工程检测。后者需要在样品表面制备特征标记物,采用连续拍照方式记录拉伸变形过程中的表面图像,通过图像识别算法建立像素子集的对应关系,进而得到样品表面的全场应变分布。该方法对测试条件的要求较高，但能够获取更多的数据信息，因此除了获取样品的延伸率之外，还可用于更加深入的数据分析工作。

通过上述分析可以看出，虽然材料的拉伸性能和应力应变曲线可以通过不同的小试样测试方法获取，但在小试样尺度下，依然存在一些亟待解决的问题。

这些问题可以归纳为以下三个方面。

(1) 小试样面临的样品尺寸效应问题。与常规尺寸的样品相比，小试样对加工缺陷的敏感程度更高。现有研究通常只考虑表面粗糙度和表面起伏对测试结果的影响，而忽略了样品表面轮廓偏差导致的测试结果偏差。实际上，以厚度非均匀性为代表的表面轮廓偏差可能导致测试结果发生显著离散，需要结合具体的测试方法加以量化评估。在此基础上，如何在现有的样品制备工艺和测试条件下有效抑制测试结果的离散程度，成为小试样测试面临的突出问题。

(2) 间接法的数据关联与数据修正。随着计算能力的大幅提高，小冲杆和纳米压痕测试的数据提取倾向于采用反向有限元方法进行。合适的搜索算法是反向有限元方法的关键。常用的搜索算法包括传统优化算法和现代智能算法，前者的收敛速度较快，但容易陷入局部最优解；后者具有更好的全局收敛性，但搜索效率偏低。因此，有必要结合具体测试方法对搜索算法进行发展和优化，使其兼具较快的搜索速度和较好的全局收敛性。另外，对于纳米压痕测试而言，测试结果可能存在压入尺寸效应和应变率偏高引起的附加强化效应，进而导致反向有限元方法提取的真应力应变曲线发生显著偏差,需要采用合适的数据修正方法予以消除。然而，现有的修正方法无法直接用于球形压头结果，需要结合球形压头下方区域的具体变形特征发展合适的数据修正方法，以实现对附加强化效应的有效修正。

(3) 小试样力学测试在实际测试条件下的可行性评估。小试样测试方法的可行性需要经过两方面评估。一方面，需要基于现有材料直接评估每种测试方法的准确性，即小试样结果与标准试样结果是否足够接近；另一方面，还需要基于实际测试条件下的被测材料进行评估，以进一步检验上述方法的等效性与可靠性。

1.4 小试样测试方法

当被测材料的体积受限，无法制备满足尺寸要求的标准试样时，常常借助尺寸较小的样品进行测试。这类基于小尺寸样品的力学性能测试被统称为小试样测试方法[20-22]。小试样测试方法在科学与工程领域具有多方面用途,因此近年来得到了广泛的研究和迅速的发展。小试样测试起源于核科学与核工业的推动,最早可追溯至二十世纪六七十年代[23-26]。在早期裂变堆的堆芯材料中,科学家们发现了材料的辐照效应。材料辐照效应由材料内部的微观辐照缺陷所致,通常表现为材料力学性能的劣化,如硬化、脆化和体积肿胀,不利于反应堆的安全稳定运行[27-29]。因此,需要对服役材料进行系统的辐照试验,并在此基础上研究辐照后材料的力学性能变化规律。其中,核电站反应堆的辐照监督项目和新型反应堆的配套材料研发是此类研究的主要推动力。

除了核能领域以外,小试样测试方法在其他科学与工程领域同样具有广泛的应用。这些应用领域可以大致归纳为以下四个方面[30-34]。

(1) 工业领域在役设备的在线检测与寿命评估。与核电站反应堆类似,石油和化工等工业部门同样面临设备老化等问题。然而,这些设备内部通常无法放置监督样品,要想获取设备的力学老化行为,必须基于设备取样进行力学性能检测。为了减少取样导致的设备损伤,取样体积严格受限,因此只能借助小试样测试方法[35-37]。

(2) 加速新材料的研发工作。纳米材料、复合材料和贵金属等新材料在研发工作中面临的突出问题,是有限材料体积与大量待测性能之间的矛盾。一方面,为了提高效率降低成本,新材料在研发过程中的制备量通常十分有限;另一方面,为了全面评估新材料的性能,需要进行大量的材料测试,进而导致被测材料的紧缺。采用小试样测试方法能够显著降低被测材料的使用量,从而降低制备成本,并提高测试效率[38,39]。

(3) 非均匀结构的局部力学性能分析与损伤行为预测。焊接区、冲压件等结构具有显著的力学行为非均匀特性。相比传统的标准试样测试,小试样测试方法能够直接测量局部力学行为,因此可以更加准确地评估焊接和冲压工艺[40,41]。此外,基于局部的力学行为,建立材料或部件的非均质力学模型,能够更加准确地预测此类结构的变形与损伤行为。

(4) 微介观尺度下的力学行为分析。对于以微电子机械系统(MEMS)为代表的微观器件,以及以梯度材料、薄膜材料和生物材料为代表的新型材料而言,微介观尺度是它们的特征服役尺度,因此必须掌握它们在该尺度下的力学行为。然而,由于不同尺度下材料变形行为的差异性,基于标准试样的宏观结果无法反映真实的微介观行为,必须通过小/微试样测试方法获取[42-45]。

获取材料的拉伸性能和应力应变曲线是小试样测试的重要目标之一。前文已经指出,小试样测试广泛应用于科学与工程领域。由于不同领域的测试需求不尽相同,待测材料的体积和几何形状可能存在显著差异。为了准确获取材料的拉伸性能和应力应变曲线,发展了不同的小试样测试方法,以满足相应的测试需求或样品状态。这些测试方法可以分为直接法和间接法两类。

直接法(direct method)具备单轴的加载状态，通常特指小试样拉伸测试(small tensile test)。小试样拉伸样品与标准试样具有相似的几何形状，二者在变形过程中保持相近的应力状态和应变路径。因此，小试样拉伸测试的直接结果与标准试样拉伸曲线具有相同的形式，能够按照标准方法进行数据处理。如果小试样的尺寸足以反映被测材料的宏观力学行为，根据弹塑性力学的几何相似原理，小试样测试结果能够与标准试样结果直接对应，或通过较为简单的方法建立关联。

间接法(indirect method)不具备单轴加载特征，常见方法为小冲杆测试(small punch test)和球形压入测试(spherical indentation test)。前者是一种新型的测试方法，而后者可看作硬度/压入测试的衍生方法。间接法的测试样品在变形过程中呈现非均匀的应力应变分布特征，且应力状态和应变路径与标准拉伸样品存在显著差异。因此，间接法的载荷位移曲线与标准试样拉伸曲线具有不同的形式。

小试样测试面临的关键问题为样品尺寸效应(specimen size effect)与数据不可比性(data incomparability)。从广义上讲，二者均可导致测试结果与标准试样结果的偏差，但其本质并不相同。样品尺寸效应可以表述为测试结果偏离被测材料宏观本征力学行为的现象，主要由样品尺寸或变形区域过小导致。数据不可比主要指的是小试样测试数据与标准试样结果之间的不可比性，通常由样品几何不相似性引起的应力状态或应变路径差异所致。

样品尺寸效应受多种因素影响，主要包括变形区域的特征微观结构不足、样品表面加工缺陷和塑性应变梯度升高三个方面。这些因素对不同测试方法的影响程度不尽相同，并且可能产生叠加效果，从而使样品尺寸效应的表现趋于复杂化。样品内部或特征变形区域包含的特征微观结构不足，能够使测试结果偏离被测材料的本征宏观力学行为。对于微观结构较为简单的单相材料，材料晶粒可以被视为特征微观结构；对于微观结构较为复杂的材料而言，特征微观结构往往具有不同的形式，包括晶粒、亚结构、第二相和夹杂物等。一般认为，材料特征微观结构的力学行为存在一定程度的各向异性(如晶粒的滑移)和随机性(如夹杂物的断裂)，而宏观力学性能反映的是海量特征微观结构力学行为的统计平均效果。当样品尺寸缩小至一定程度时，变形区域内部的特征微观结构数量将不足以维持统计平均效应。对于小试样拉伸和小冲杆样品，通常体现为样品厚度方向上的晶粒数量不足[46-48]。

参 考 文 献

[1] 李其汉. 航空发动机结构完整性研究进展[J]. 航空发动机, 2014, 40(5): 1-6.

[2] U.S. Air Force. Engine structual Integrity program (ENSIP): MIL-STD—1783[S]. Washington: U.S. Air Force, 1984.

[3] U.S. Department of Defense. General Specification for aircraft turbojet, turbofan, turboshaft and turboprop engine: JSSG-8723A[S]. Washington: U.S. Department of Defense, 1995.

[4] U.S. Air Force. Engine structural integrity program (ENSIP): MIL-HTBK—1783A[S]. Washington: U.S. Air Force, 1999.

[5] U.S. Air Force. Engine structural integrity program (ENSIP): MIL-HTBK—1783B[S]. Washington: U.S. Air Force, 1999.

[6] Garrison B. High Cycle fatigue (HCF) 2000 annual report[R]. Washington: High cycle Fatigue (HCF) Science and Technology Program, 2000.

[7] Dix D. IHPTET Ten years of progress[R]. Washington: Integrated High Performance Turbine Engine Technology (IHPTET) Program, 2000.

[8] 中国航发四川燃气涡轮研究院. 航空燃气涡轮发动机结构强度设计准则: HB 20563—2020[S]. 北京: 北京航空学院出版社, 2018.

[9] Kameda J, Bloomer T E, Gold C R, et al. Examination of in-service coating degradation in gas turbine blades using a small punch testing method[J]. MRS Online Proceedings Library, 1996, 434: 39-44.

[10] Jang S H, Yoo K B, Choi G S. A Study on the Small Punch Test Behaviors of Gas Turbine Blades Material Inconel 738LC[C]. Seoul: Proceedings of the KSME Conference. The Korean Society of Mechanical Engineers, 2000: 193-198.

[11] Dieter G E, Bacon D. Mechanical Metallurgy[M]. New York: McGraw-hill New York, 1986.

[12] Meyers M A, Chawla K K. Mechanical Behavior of Materials[M]. Melbourne: Cambridge University Press, 2008.

[13] Courtney T H. Mechanical Behavior of Materials[M]. Long Grove: Waveland Press, 2005.

[14] Davis J R. Tensile Testing[M]. Ohio: ASM International, 2004.

[15] Karthik V, Kasiviswanathan K, Raj B. Miniaturized Testing of Engineering Materials[M]. Boca Raton: CRC Press, 2016.

[16] Bridgman P W. Studies in Large Plastic Flow and Fracture[M]. New York: McGraw-hill New York, 1952.

[17] Ilchuk N, Spätig P, Odette G R. Fracture toughness characterization in the lower transition of neutron irradiated Eurofer97 steel[J]. Journal of Nuclear Materials, 2013, 442:58-61.

[18] Hyun H C, Kim M, Bang S, et al. On acquiring true stress-strain curves for sheet specimens using tensile test and FE analysis based on a local necking criterion[J]. Journal of Materials Research, 2014, 29: 695-707.

[19] Yao D, Cai L, Bao C. A new fracture criterion for ductile materials based on a finite element aided testing method[J]. Materials Science and Engineering: A, 2016, 673: 633-647.

[20] Lucon E. Testing of Small-Sized Specimens[C]// Hashmi S. Comprehensive Materials Processing. Oxford: Elsevier, 2014, 135-163.

[21] Makwana D, Patel A K, Dave K G. A Review of miniature specimen tensile test method of tungsten at elevated temperature[J]. International Journal of Engineering Development and Research, 2016, 4: 132-141.

[22] Lucas G E. Review of small specimen test techniques for irradiation testing[J]. Metallurgical Transactions A, 1990, 21: 1105-1119.

[23] Panayotou N F, Puigh R J, Opperman E K. Miniature specimen tensile data for high energy neutron source experiments[J]. Journal of Nuclear Materials, 1981, 103-104: 1523-1526.

[24] Klueh R L. Miniature tensile test specimens for fusion reactor irradiation study[J]. Nuclear Engineering and Design, 1985, 2:407-416.

[25] Mao X, Takahashi H. Development of a further-miniaturized specimen of 3mm diameter for tem disk (ϕ3mm) small punch tests[J]. Journal of Nuclear Materials, 1987,150:42-52.

[26] 何培, 姚伟志, 吕建明, 等. 聚变堆结构材料辐照性能的评价[J]. 材料工程, 2018,46: 19-26.

[27] 郝嘉琨. 聚变堆材料[M]. 北京: 化学工业出版社, 2007.

[28] 肖厦子, 宋定坤, 楚海建, 等. 金属材料力学性能的辐照硬化效应[J]. 力学进展, 2015, 45(5): 141-178.

[29] Suzuki K, Jitsukawa S, Okubo N, et al. Intensely irradiated steel components: Plastic and fracture properties, and a new concept of structural design criteria for assuring the structural integrity[J]. Nuclear Engineering & Design, 2010, 240:1290-1305.

[30] Sun W, Li M, Wen Z X, et al. Uncertainties in and recommendations to small punch tensile and creep tests for ductile materials[J]. Engineering Fracture Mechanics, 2023, 289:109443.

[31] Sun W, Yue Z F, Wen Z X, et al. An overview on material parameter inverse and its application to miniaturized testing at elevated temperature[J]. Journal of Materials Research and Technology, 2023, 22:3132-3145.

[32] Li M, Maskill S, Yue Z F, et al. Analytical and inverse methods for determining high temperature properties using small punch creep: A review[J]. Multidiscipline Modeling in Materials and Structures, 2024, 19 (3): 441-463.

[33] Ragab R, Pang Y, Liu T, et al. Unravelling the effects of ratcheting and constraint on the cyclic behaviour of a martensitic steel under elevated temperature[J]. Mechanics of Materials, 2023, 184:1-16.

[34] Sun W, Li S, Zhou G Y, et al. Interpretation of non-conventional miniaturized creep test: Derivation of equivalent gauge length[J]. Journal of Materials Research and Technology, 2023, 24:4390-4404.

[35] Dyson C C, Sun W, Hyde C J, et al. Use of small specimen creep data in component life management: A review[J]. Materials Science and Technology, 2016,32:1567-1581.

[36] Fu M W, Wang J L, Korsunsky A M. A review of geometrical and microstructural size effects in micro-scale deformation processing of metallic alloy components[J]. International Journal of Machine Tools and Manufacture, 2016,109: 94-125.

[37] Howard C, Judge C D, Poff D, et al. A novel in-situ, lift-out, three-point bend technique to quantify the mechanical properties of an ex-service neutron irradiated Inconel X-750 component[J]. Journal of Nuclear Materials, 2018,498: 149-158.

[38] Brooks I, Palumbo G, Hibbard G D, et al. On the intrinsic ductility of electrodeposited nanocrystalline metals[J]. Journal of Materials Science, 2011,46: 7713-7724.

[39] Sharon J A, Padilla H A, Boyce B L. Interpreting the ductility of nanocrystalline metals[J]. Journal of Materials Research, 2013,28:1539-1552.

[40] Kimura A, Suzuki T, Jincho M, et al. Dependence of ductile-brittle transition behavior on the specimen size and location of notch in the HAZ of welded A533B PVS[J]. Small Specimen Test Technique, 1997, 110:123-129.

[41] Kato T, Komazaki S-i, Kohno Y, et al. High-temperature strength analysis of welded joint of RAFs by small punch test[J]. Journal of Nuclear Materials, 2009,386: 520-524.

[42] Kim B J, Mitsui H, Kasada R, et al. Evaluation of impact properties of weld joint of reactor pressure vessel steels with the use of miniaturized specimens[J]. Journal of Nuclear Science and Technology, 2012, 49: 618-631.

[43] Chan W L, Fu M W. Studies of the interactive effect of specimen and grain sizes on the plastic deformation behavior in microforming[J]. International Journal of Advanced Manufacturing Technology, 2012, 62: 989-1000.

[44] Ran J Q, Fu M W, Chan W L. The influence of size effect on the ductile fracture in micro-scaled plastic deformation[J]. International Journal of Plasticity, 2013,41:65-81.

[45] Xu Z T, Peng L F, Lai X M, et al. Geometry and grain size effects on the forming limit of sheet metals in micro-scaled plastic deformation[J]. Materials Science and Engineering: A, 2014, 611: 345-353.

[46] Kohno Y, Kohyama A, Hamilton M L, et al. Specimen size effects on the tensile properties of JPCA and JFMS[J]. Joumal of Nuclear Materials, 2000,283-287: 1014-1017.

[47] Song M, Guan K, Qin W, et al. Size effect criteria on the small punch test for AISI 316L austenitic stainless steel[J]. Materials Science and Engineering: A, 2014, 606:346-353.

[48] Chan W L, Fu M W. Experimental studies and numerical modeling of the specimen and grain size effects on the flow stress of sheet metal in microforming[J]. Materials Science and Engineering: A, 2011, 528:7674-7683.

第 2 章　小试样高温变形的测量方法

2.1　引　　言

应用较为广泛的测量高温下标准尺寸试样应变的装置主要为电子引伸计和电阻应变片，电子引伸计有固定的测量标距(夹头间初始距离)、量程，且价格昂贵，高温应变片的粘贴工艺十分复杂，耗时且不可重复使用。对于体积小巧的试样，常规的电子引伸计和高温应变片不再适用，尚没有一种公认的能够准确测量其在高温下应变的装置[1-6]。实验室高温试验试样应变测量方法主要有两种，如图 2.1 所示。

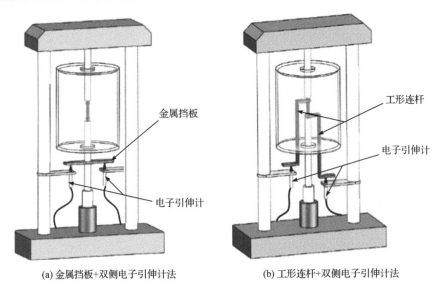

(a) 金属挡板+双侧电子引伸计法　　　　　　(b) 工形连杆+双侧电子引伸计法

图 2.1　实验室主要应变测量方法示意图

对于如图 2.1(a)所示的第一种测量方法，电子引伸计触头直接接触的是高温炉外固定在拉伸杆两侧的金属挡板。如果直接将所测值除以试样标距段长度作为试样的工程应变，会造成所测应变远大于实际的错误结果。尤其是在试样尺寸较厚或者材料弹性模量较拉伸杆大时，此方法测量的拉伸应变误差较大。此外，在实际测量中，必须保证两侧电子引伸计的轴线与拉伸杆的轴线平行，即同轴度良好，这项操作十分耗时耗力。

对于如图 2.1(b)所示的第二种测量方法，试样标距段的变形通过两个细长的工形连杆传递到两个电子引伸计触头上。该方法需要在试样上加工凸耳,用于与工形连杆形成稳定连接。对于小试样,需要定制更为复杂的固定连接装置。另外,虽然较第一种测量方法而言,第二种测量方法在理想情况下更能准确反映试样标距段的变形情况,但在实际试验过程中处于高温炉中的细长连杆会发生热应变、拉伸应变、蠕变,一方面会造成所测变形的偏差,另一方面也难以保证装置在下次测量时的可靠性。在拉伸速率较快时,连杆发生的晃动将影响所测变形的准确性。

　　以上两种测量方法均属于间接接触式测量变形/位移,直接接触试样标距段位置测量能更好地避免误差产生,但电子引伸计难以承受高温炉内数百摄氏度的环境,因此开发一种耐高温的直接接触式变形/位移测量装置对于改善测量精度具有重要的意义。

　　此外,还可通过非接触式方法进行测量,例如在试样表面喷涂散斑,搭配高速摄像机和图像处理设备透过高温炉上的观察窗检测变形/位移,但是在高温炉中气体流动干扰及电子拉力机在运行过程中的轻微振动都会引起测量结果误差,并且相关的设备价格昂贵,最终测得应变的速度和准确程度在很大程度上依赖于散斑图像的质量、图像处理算法的效率和精度。

　　基于双光束干涉原理的光纤传感器[2]有轻便灵活、价格低廉、制作简单、耐腐蚀等优势,20 世纪 90 年代起,光纤传感器在测量各种物理量(温度、应变、压力等)方面已经有了一定的应用,逐渐引起国内外相关领域研究者的注意。本章介绍光纤传感器在小试样力学性能测试中的应用,解决镍基高温合金工字形小试样的高温下应变测量问题,弥补传统应变测量技术的不足。首先,对非本征型光纤法布里-珀罗干涉仪(EFPI)进行静态及动态标定,验证传感器输出的线性度和精度。其次,在升温试验中验证传感器具体较低的温度-应变交叉灵敏度。最后,采用工字形小试样进行一系列高温拉伸试验并结合仿真分析,验证 EFPI 测量小试样应变的可行性和准确性。

2.2　EFPI 工作原理及标定

2.2.1　EFPI 的工作原理

　　EFPI 结构具有量程范围大、组件替换方便、装配方式灵活等特点,相比典型集成电路型压电式传感器(IEPI)结构,更加适合应用于本书研究内容,如图 2.2 所示。EFPI 结构包括入射端光纤、反射端光纤和准直管。其中,光纤的纤芯和涂覆层的主要材料都是二氧化硅。纤芯和涂覆层中还有少量其他元素的掺杂剂,目的分别是提高纤芯折射率和降低涂覆层的折射率,从而保证光在纤芯中发生全反射。准直管的材质般为树脂、陶瓷或二氧化硅,其作用是保证入射端光纤纤芯与反射端光纤纤芯的对中性。在高温拉伸、蠕变等工况中，附着于试件表面的光纤传感器要承受数百摄氏度的高温，而高温下光纤的传光性能下降，传统的喷涂、胶粘等固定工艺可能失效。

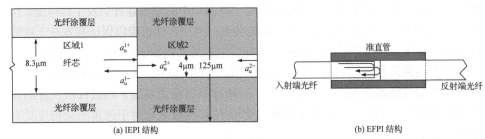

(a) IEPI 结构　　　　　　　　　　　　　　　　　(b) EFPI 结构

图 2.2　典型光纤干涉仪结构

a_u^{1+}-入射光信号；　a_u^{1-}-反射光信号；　a_u^{2+}-透射光信号；　a_u^{2-}-透射光二次反射信号

光纤传感器是基于多光束干涉原理研制的。多束频率相同的光波，当它们振动方向相互平行且它们之间任意两束光均具有恒定的相位差，相遇时会发生叠加现象，即各点光强强弱稳定分布，此即多光束干涉原理，如图 2.3 所示。

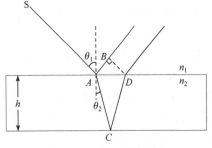

图 2.3　多光束干涉原理

S-光源

通常，包含两块平行玻璃板且玻璃板相对面上均镀有用于提高端面反射率的高反膜，两玻璃板间距 h 即为传感器腔长，其介质折射率分别为 n_1 和 n_2，中间介质折射率为 n_0，当一束光源 S 以 θ_1 角入射至上玻璃板表面一点 A 时，振幅被分割，将在上玻璃板表面发生反射与折射，折射后的光部分发生透射继续传播至下玻璃板，在下玻璃板表面再次发生反射与折射，这样经过多次反射与折射后，在上玻璃板表面形成的一系列反射光光强依次减弱且具有恒定的相位差，故这些反射光之间相互叠加形成干涉，产生明暗相间的干涉条纹，下玻璃板表面形成的透射光也是如此。通过对反射光与干涉的解调，即可得到两点间的应变。

本书研究的光纤传感器是将两根端面切平的光纤插入与其内径相近的毛细玻璃管中制成的，两个切平的光纤端面作为反射面，空气腔作为法布里-珀罗(FP)微腔，这使得外界环境的变化基本不会对其折射率有影响，则当待测量变化引起光谱变化时，可以认为仅是其腔长的变化引起的，有利于信号解调。另外，此种结构可以很容易控制 FP 微腔的腔长，其制作方法简单，同时光纤和毛细玻璃管材质均为二氧化硅，其热膨胀系数接近，温度变化导致传感器腔长受材料热胀冷缩而发生的变化可以被大致抵消，即光纤与毛细管长度变化数值接近、方向相反，因此这种结构的 FP 微腔腔长的应变-温度交叉灵敏度很小，在测量应变时不易受到温度的影响。

2.2.2　试样形式及常温标定试验

本节高温拉伸试验中采用铸造高温合金 DZ125 小试样，取向为材料浇铸方向。因为国内外目前没有针对小试样形状的技术规范，所以试样的形状参照了国家标准《金属材料　拉伸试验　第 2 部分：高温试验方法》(GB/T 228.2—2015)和国际上较为流行的 1000℃以上蠕变试验中采用的工字形单晶试样。考虑到拉伸试验机上的现有工装及本节研究最终目的是利用 EFPI 测量从叶片上割取的试样的应变为基础，因此试样的尺寸要在保证测量结果准确性的前提下设计得足够微小。本章中确定试样形状为工字形，其几何尺寸如图 2.4 所示。国内外对工字形小试样的具体尺寸没有明确规范，而不同标距段长度的试样可能导致测量结果的偏差，本小节采用了三种标距段长度不同(4mm、8mm、12mm)的工字形小试样进行高温拉伸试验。

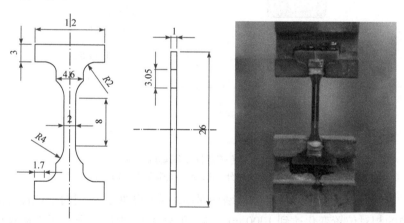

图 2.4　DZ125 工字形小试样尺寸及装配(单位：mm)

在升温过程中，试样会发生膨胀现象，即试样上产生热应变。因此，在高温拉伸试验中，EFPI 所测应变为拉伸应变和热应变的总和。由于 EFPI 尚且不具备自动分离两种应变的能力，因此在试验过程中先升温到指定温度，经过 0.5h 以上的保温后，再施加轴向载荷。

进行高温拉伸试验前，首先要对耐高温 EFPI 大应变传感器进行标定。标定用位移台如图 2.5 所示。将 EFPI 的两端分别固定在两个位移台上，并将传感器接入如图 2.6 所示的传感器标定用解调系统。

OSA 有显示、保存实时光谱图像、数据的功能，ASE 能够放大输出处于 1529～1569nm 波段的光信号。通过螺旋调微仪以 100μm 的步长向其中一个位移台施加

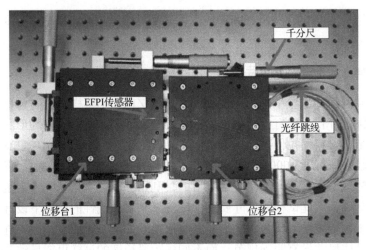

图 2.5　标定用位移台

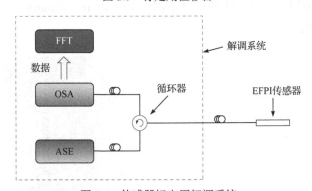

图 2.6　传感器标定用解调系统

OSA-检测波段内光信号的光谱分析仪；ASE-宽带光源；FFT-快速傅里叶变换

位移。使用解调系统记录每个位移增量对应的光谱数据，直到两个位移台沿毛细管轴向的相对位置变化达到 1000μm。测试重复 3 次，图 2.7 显示了腔体长度变化

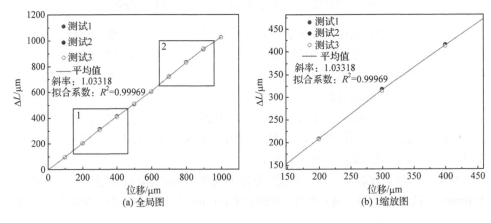

(a) 全局图　　　　　　　　　　(b) 1缩放图

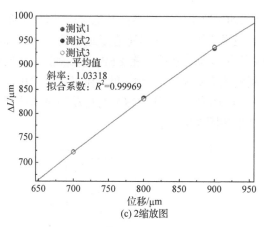

(c) 2缩放图

图 2.7 EFPI 静态标定试验结果

(ΔL)与通过位移台施加的位移之间的关系。如图 2.7 所示，在 0～1000μm，三次测试中的传感器线性度良好，测量误差随着腔体长度的增加而增加。在 100μm、500μm 和 1000μm 处的误差分别为 0.75%、2.15%、2.66%，这是干涉度下降和衍射干扰导致的。

动态标定试验采用标准试验，试验在拉伸试验机上进行，试验条件和试样尺寸参照国家标准《金属材料 拉伸试验 第 1 部分：室温试验方法》(GB/T 228.1—2021)。拉伸试验机、应变测量设备装配、试样尺寸如图 2.8 所示。

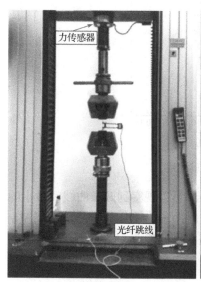

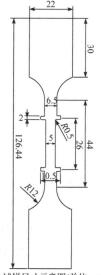

(a) 拉伸试验机   (b) 应变测量设备装配   (c) 试样尺寸示意图(单位：mm)

图 2.8 拉伸试验机及动态标定试验所用试样尺寸

首先，按照如图 2.8(b)所示装配传感器及电子引伸计(简称"引伸计")。然后，使用拉伸试验机上的夹紧装置将试样沿垂直于地面的方向，即拉伸杆的轴向完成固定，并施加 300N 的预紧保持载荷。将 EFPI 连接到图 2.6 的解调系统，选择拉伸试验机的位移控制模式来对试样施加应变。在三次试验中，应变率分别设置为 $1\times10^{-3}s^{-1}$、$1\times10^{-4}s^{-1}$、$1\times10^{-5}s^{-1}$。利用 OSA 的自动记录功能获取并保存对应时间的光谱数据，试验结果如图 2.9 所示。

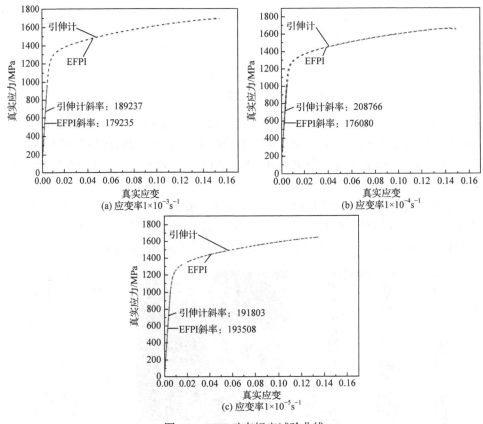

图 2.9 EFPI 动态标定试验曲线

如图 2.9(b)所示，在标距段应变率为 $1\times10^{-4}s^{-1}$ 可以观察到两条曲线间微小的差异，而在标距段应变率为 $1\times10^{-3}s^{-1}$ 和 $1\times10^{-5}s^{-1}$ 时两条曲线几乎重合，如图 2.9(a)和图 2.9(c)所示。标定试验结果表明，EFPI 在室温下的静态、动态测试中输出的变形/应变具有极高的精度和可靠性。

2.2.3 温度敏感性标定试验

在本章采用的高温 EFPI 大应变传感器结构中，光纤及准直管均为热膨胀系数极低的二氧化硅材质，因此传感结构对温度极不敏感，即传感器具有极低的应变-温度交叉灵敏度。对于应变传感器来说，应变-温度交叉灵敏度较高会导致在所测应变固定而环境温度发生变化时，应变输出结果发生波动，因此不利于获取真实的应变数据。为了验证所提出的 EFPI 应变-温度交叉灵敏度极低，本节将三个传感器固定在铝合金样品的表面上。使用发热电阻对铝合金加热，使用热电偶获取铝合金表面的温度，并记录样品从 30℃加热到 100℃时光谱的变化。腔体长度由 FFT 算法输出，得到的腔体长度变化与温度的关系如图 2.10(a)所示。已知铝合金的热膨胀系数为 $2.35\times10^{-5}℃^{-1}$，由此可以排除腔体长度变化过程中的铝合金膨胀变形量，得到腔体长度变化/应变偏差与温度的关系如图 2.10(b)所示。根据三

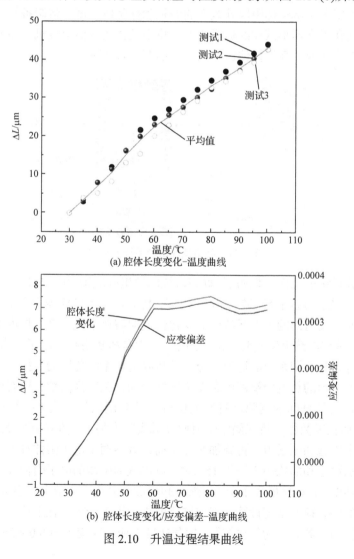

(a) 腔体长度变化-温度曲线

(b) 腔体长度变化/应变偏差-温度曲线

图 2.10　升温过程结果曲线

个传感器测试件的腔体长度变化-温度曲线计算的 30～100℃平均应变-温度交叉灵敏度为 4.65με/℃。从图 2.10(b)中可以看出，30～60℃腔体长度变化和应变偏差增长幅度较大，而 60～100℃趋于稳定，说明 EFPI 的平均应变-温度交叉灵敏度在 60℃以后保持在较低的水平，因此不会在测量应变时造成显著误差。

2.2.4 高温拉伸试验

本章采用的高温拉伸试验方法如下：将 DZ125 工字形小试样放置在盛有丙酮溶液的烧杯中，再将烧杯放在超声波清洗机中进行清洗。清洗结束后，将烧杯中的溶液换为无水乙醇，并再次清洗 15min，以彻底除去试样表面污渍。使用游标卡尺测量工字形小试样标距段处截面的面积和标距段长度。将制备好的新型光纤传感器装配在工字形小试样的标距段上。将小试样接入由上位机、高温拉伸试验机及解调系统组成的高温拉伸试验系统，如图 2.11 所示。

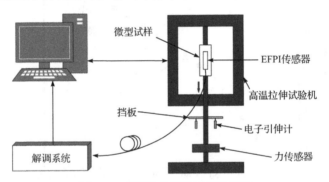

图 2.11 高温拉伸试验系统示意图

该试验系统的工作流程如下：解调系统内傅里叶域锁模(FDML)光纤激光器发出的激光(白光)经过耦合器进入 EFPI 内部，传感器感受试样表面发生的变形，将变形信息通过反射回的干涉光特性的变化传递回解调系统。高温炉内的电阻产生热量，靠近试样的热电偶实时反馈炉内温度。上位机负责控制电子拉力机的加载、高温炉的升温和解调系统的通道选择，并接收解调系统传回的数据。

将高温炉内的热电偶端部固定在小试样表面，关闭高温炉，用石棉塞紧高温炉上下开口与拉杆间的缝隙。打开上位机中的解调软件，使之持续解调并输出 EFPI 的腔体长度数据。将双侧电子引伸计触头竖直朝上装在拉杆两侧的挡板下。在上位机中先施加预紧力，再施加额外载荷，观察两个电子引伸计的示数。当示数之差与示数之和的比小于等于 15%时，可以认为两侧的电子引伸计与拉伸杆有较高的同轴度。若该比值大于 15%，则应卸掉额外载荷并调节电子引伸计的位置，再次施加额外载荷并重复计算，直到该比值小于等于 15%。在上位机中设置高温拉伸试验机的加载方式为位移控制，加载速度对应的应变率为 0.00025s^{-1}，参照国家标准，目标温度为 760℃、850℃、950℃、1000℃，保温时间为 0.5h。开始试验并观察解调软件用户界面(UI)显示的光谱，在光谱波形杂乱无法解调或强度降至 -40dBm 以下，或者试样加载至断裂时停止试验。

2.2.5　高温蠕变试验

小试样高温蠕变试验方法如下：将工字形小试样放置在盛有丙酮溶液的烧杯中，并使小试样完全浸入溶液。将烧杯放在超声波清洗机中清洗。清洗结束后，将烧杯中的溶液换为无水乙醇，并再次于超声波清洗机中清洗 15min，以彻底除去试样表面污渍。将制备好的新型耐高温 EFPI 大应变传感器装配在小试样的标距段上。将小试样接入由上位机、高温炉、加载装置及解调系统组成的高温蠕变试验系统中。根据国家标准制定蠕变试验方案，依计划施加的应力水平，计算所需砝码的质量，在电子秤上核对砝码质量是否准确。将称量完毕的砝码从重到轻，从大到小依次挂在砝码托盘上。使用上位机的温控软件将高温炉内的温度设置在目标温度，控温精度在±3℃以内。

2.3　小试样高温拉伸有限元分析

在 ABAQUS 软件中建立了三种标距段长度(4mm、8mm、12mm)的工字形小试样几何模型并对其分别进行网格划分，如图 2.12 所示。

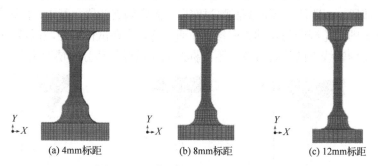

(a) 4mm标距　　　(b) 8mm标距　　　(c) 12mm标距

图 2.12　工字形小试样网格划分结果

在 Initial 分析步(初始分析步)后建立两个分析步 Heat、Tensile，分别代表升温过程和机械加载过程。设置初始的边界条件，预定义温度 25℃。在 Heat 分析步中将温度场修改为高温拉伸试验的目标温度(760℃、850℃、950℃、1000℃)。在 Tensile 分析步中将机械加载方式设为位移加载，加载方向为 Y 方向(即试样的轴向)，加载量为 0.2e，即 0.8mm(标距 e 为 4mm 的试样)、1.6mm(标距为 8mm 的试样)、2.4mm(标距为 12mm 的试样)。三种试样 1000℃条件下 Tensile 分析步的应变仿真结果如图 2.13 所示(最终帧)。

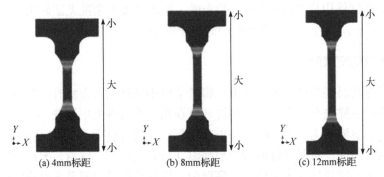

(a) 4mm标距　　　　　(b) 8mm标距　　　　　(c) 12mm标距

图 2.13　1000℃下 DZ125 小试样 Y 方向应变分布

　　小试样被加载时，应变主要集中在标距段区域，圆弧过渡段的应变小于标距段的应变，但数值仍在同一数量级，而夹持段的应变与标距段的应变有数量级的差异。不同标距的小试样应变分布情况类似。当温度与试样整体应变固定，随标距增加，试样上应变增加，可以认为标距段变形占试样整体变形的比重增加。标距段内最大应变与最小应变之差小于 $1000\mu\varepsilon$。该结果表明，若要根据变形情况准确反映小试样的应变，则应变测量装置的两端应固定在试样标距段区域以内或尽量靠近标距段的边界，从而保证被测区域应变的均匀性。

　　三种试样 1000℃条件下 DZ125 小试样 Y 方向位移分布如图 2.14 所示。小试样被加载时，试样上各区域按位移从大到小的顺序排列依次是：拉伸侧夹持段、拉伸侧圆弧过渡段、标距段、固定侧圆弧过渡段、固定侧夹持段。其中，标距段区域的位移分布云图的轮廓线与拉伸方向接近垂直，这表明在试样标距段区域，拉伸变形量只与在拉伸轴线上的位置有关。不同标距的小试样位移分布情况类似。

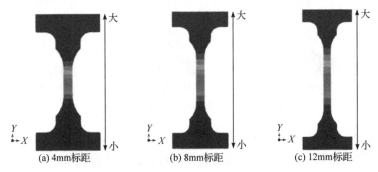

(a) 4mm标距　　　　　(b) 8mm标距　　　　　(c) 12mm标距

图 2.14　1000℃下 DZ125 小试样 Y 方向位移分布

　　三种试样 1000℃条件下 DZ125 小试样 Mises 应力分布如图 2.15 所示。小试样被加载时，标距段区域的 Mises 应力最大，过渡段、夹持段的 Mises 应力较小。随标距段长度增加，试样上各区域 Mises 应力减小，这是材料弹性模量下降导致的。由材料力学中第四强度理论，试样将在 Mises 应力最大的位置发生破坏，即标距段区域。不同标距的小试样 Mises 应力分布情况类似。当温度与试样整体应变固定，随标距增加，试样 Mises 应力增加。

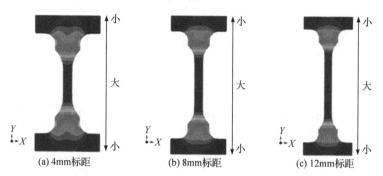

(a) 4mm标距　　　　　　(b) 8mm标距　　　　　　(c) 12mm标距

图 2.15　1000℃下 DZ125 小试样 Mises 应力分布

为与小试样的仿真结果形成对比，在 ABAQUS 软件中对 DZ125 标准平板试样(简称"标准试样")也进行了仿真，仿真过程与小试样类似，载荷条件改为试样整体沿 X 方向位移加载。根据仿真结果，在各个温度条件下，标准平板试样被加载时，应变主要集中在标距段区域，圆弧过渡段的应变小于标距段的应变，但仍在同一数量级。试样夹持段应变很小，与标距段应变有数量级的差异。最大应变出现在标距段与凸耳的连接处。标距段内最大应变与最小应变之差在 3000$\mu\varepsilon$以上。结果表明，若要根据变形情况准确反映标距段试样的应变，则应变测量装置的两端应固定在试样两凸耳之间，从而保证被测区域应变的均匀性。标准试样标距段区域的 Mises 应力最大，过渡段、夹持段的 Mises 应力较小。随温度增加，试样上各区域 Mises 应力减小，这是材料弹性模量下降导致的。Mises 应力最大点出现在标距段两端与试样凸耳的连接处，由材料力学中第四强度理论，试样将在该位置破坏。该现象被称为应力集中现象。在小试样拉伸试验中，为了准确测得试样的抗拉强度，应尽可能避免这一现象的产生。因此，增加一个圆弧过渡段，从而保证试样在标距段以内断裂。

根据以上仿真结果，可推测各标距小试样及标准平板试样拉伸过程中 EFPI 的输出。假设传感器的两端分别固定在试样标距段的两端，此时传感器的直接输出是两固定端间的距离，即试样标距段的实时长度。因此，结合标距段的初始长度，可以计算得到传感器所测工程应变的仿真结果。通过切片获取试样截面上的轴力和标距段的初始横截面积，可以计算得到拉伸杆上力传感器所测工程应力的仿真结果。根据仿真输出推测的 EFPI 结果如图 2.16 所示。

由图 2.16 可知，在模拟的拉伸过程的弹性阶段，各小试样、标准试样的工程应力与工程应变均呈良好的线性关系。分别对各温度下拉伸过程的散点数据进行

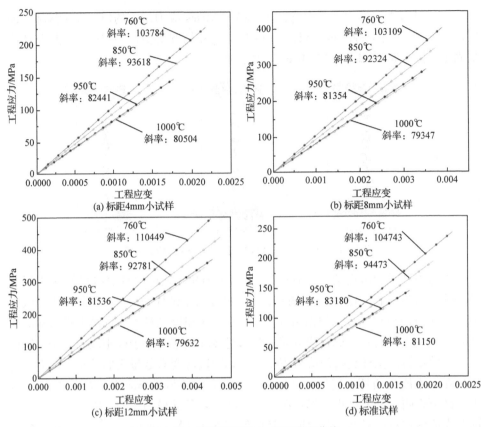

图 2.16　仿真工程应力-工程应变曲线

线性拟合，可以得到曲线的斜率，即弹性模量 E，具体数值在表 2.1 中列出。

表 2.1　各温度下试样弹性模量仿真结果

温度/℃	标距 4mm 小试样		标距 8mm 小试样		标距 12mm 小试样		标准试样	
	E/GPa	偏差/%	E/GPa	偏差/%	E/GPa	偏差/%	E/GPa	偏差/%
760	103.784	1.75	103.109	1.09	110.449	8.28	104.743	2.69
850	93.618	1.76	92.324	0.35	92.781	0.85	94.473	2.69
950	82.441	1.78	81.354	0.44	81.536	0.66	83.180	2.69
1000	80.504	1.90	79.347	0.44	79.632	0.80	81.150	2.72

　　由表 2.1 可知，各温度下使用传感器测量每种试样的弹性模量均和真实值(仿真输入值)有一定差异。标距段为 4mm、8mm、12mm 的小试样最大测量偏差分别为 1.90%、1.09%、8.28%。标准试样最大测量偏差为 2.72%，根据仿真输出推测的 EFPI 所测包含塑性阶段的工程应力-工程应变曲线如图 2.17 所示。

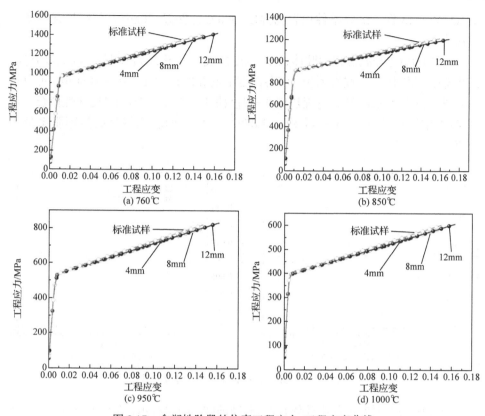

图 2.17　含塑性阶段的仿真工程应力-工程应变曲线

由图 2.17 可以看出，不同标距的工字形小试样的工程应力-工程应变曲线几乎重合，且与标准试样的曲线有微小差异。塑性阶段，在相同应力水平下，小试样上产生较标准试样大的应变。由此，可以认为在拉伸过程中，相比于标准试样，小试样的应变更加集中在标距段处。在施加相同的应变时，标距为 8mm 的小试样标距段处测得的平均应变与标准试样标距段处测得的平均应变最接近。以上结果表明，采用标距段长度为 8mm 的小试样进行高温拉伸试验时，EFPI 能较为准确地测量试样的工程应力-工程应变曲线。

2.4　小试样高温拉伸试验结果

2.4.1　高温拉伸预试验结果

为了对镍基高温合金工字形小试样进行高温拉伸试验对比，同时验证传感器的应变测量范围足够，首先采用钢材质地、形状尺寸与镍基高温合金完全相同的小试样进行试验。试验条件设置为温度 900℃，保温 30min，位移加载应变率 $1 \times 10^{-4} s^{-1}$。

图 2.18(a)为升温过程中腔体长度-温度曲线。由图 2.18(a)可知，随温度升高，EFPI 输出的腔体长度线性增长。将各温度下的腔体长度除以小试样标距，可以得到如图 2.18(b)所示的升温过程热应变-温度曲线。对图 2.18(b)进行线性拟合，可以得到热应变-温度曲线的斜率为 1.87927×10^{-5}，即所用钢材的热膨胀系数为 $1.87927 \times 10^{-5} ℃^{-1}$。

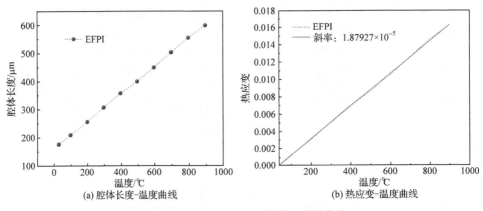

(a) 腔体长度-温度曲线　(b) 热应变-温度曲线

图 2.18　钢材工字形小试样升温过程曲线

图 2.19(a)为保温过程中腔体长度-时间曲线，如图所示，在保温过程中，EFPI 的解调腔体长度存在上下波动，并无明显的上升/下降规律，波动范围在 9.1μm 左右。将各温度下的腔体长度除以小试样标距，可以得到如图 2.19(b)所示的保温过程中应变-时间曲线。可以看出，所测应变的波动范围在 1100με 左右。与主要关

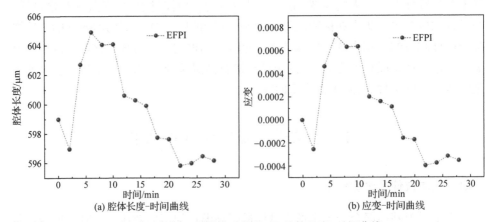

(a) 腔体长度-时间曲线　(b) 应变-时间曲线

图 2.19　钢材工字形小试样 900℃腔体长度-时间曲线

注的拉伸过程中应变相比,保温过程的应变波动范围较小,因此不会对拉伸应变的测量结果造成显著影响。传感器腔体长度的波动现象可以解释为高温炉中的热空气流动造成试样表面的温度有轻微变化。此外,拉伸杆上的载荷也会随时间的推移在设定值附近小幅度波动。

图 2.20 为 EFPI 测得的钢材工字形小试样在 900℃下拉伸过程的工程应力-工程应变曲线。对弹性阶段部分进行线性拟合,可以得到曲线的斜率为 5572,即 EFPI 测得所用钢材在 900℃下的弹性模量为 5.572GPa。根据文献[3],钢在 950℃高温下的弹性模量实测值为 5.5GPa,以此判断,EFPI 测量结果较为准确。测量过程中,腔体长度的最大值为 7979.86μm,对应的应变(拉伸应变+热应变)为 0.93897。

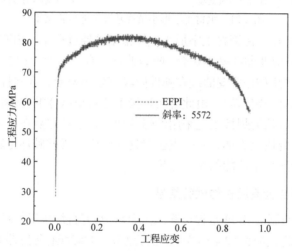

图 2.20　900℃下钢材工字形小试样拉伸工程应力-工程应变曲线

此外,从图 2.20 中可以发现,曲线在塑性阶段的光滑度不高。这是因为钢材在 900℃下强度较低,拉伸杆上的载荷较小,连接处的空隙引起应力波动,准直管中的入射端光纤和反射端光纤间的角度偏差、离轴偏差随腔体长度的增大而增大,解调数据中的腔体长度存在轻微波动。进行高温拉伸试验时,发现金属挡板+双侧电子引伸计方法测量高温拉伸应变存在以下两个缺点:第一,升温过程结束后,电子引伸计上已经有数毫米的变形量(以拉杆的热应变和弹性应变为主),导致测量钢材小试样拉伸变形时量程不足,表现为拉伸进行过程中单个或两个电子引伸计的示数不发生变化。第二,试样拉伸断裂时,拉伸杆瞬间有较大的位移时两侧挡板下的电子引伸计被弹开,容易对电子引伸计及其固定装置造成损坏。为了研究焊接工艺对小试样拉伸性能的影响情况,采用两个尺寸相同的钢材工字形小试样,分别使用焊接工艺和胶粘工艺固定 EFPI,进行常温拉伸试验,试验结果如图 2.21 所示。

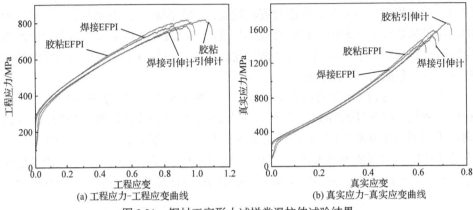

(a) 工程应力-工程应变曲线　　　　　　(b) 真实应力-真实应变曲线

图 2.21　钢材工字形小试样常温拉伸试验结果

由图 2.21 可知，在钢材工字形小试样常温拉伸过程中，EFPI 所测焊接和胶粘工艺下的应力-应变曲线基本贴合，断裂伸长率有一定差异；电子引伸计所测焊接和胶粘工艺下的应力-应变曲线在弹性阶段有较小差异，在塑性阶段基本贴合，断裂伸长率同样有一定差异。由此说明焊接工艺对小试样的力学性能影响较小。分析其原因，可以认为焊接工艺采用的焊接功率较小且焊点在标距段两端，并未对试样标距段以内造成破坏，对焊点位置处的试样造成的破坏也较小，因此不能引起试样本身所测力学性能的显著差异。

2.4.2　镍基高温合金高温拉伸试验结果

在验证本章研制的 EFPI 量程足够，耐温性能良好且焊接工艺对小试样力学性能造成影响较小之后，按照 2.2.4 小节中的试验方法，对装配有传感器 DZ125 材质工字形小试样进行了多组高温拉伸试验[4]。760℃、850℃、950℃、1000℃下标距段长度为 8mm 的 DZ125 工字形小试样的工程应力-工程应变曲线如图 2.22 所示。

由图 2.22 可以看出，在各个温度下电子引伸计与 EFPI 所测工程应力-工程应变曲线的弹性阶段斜率有较大差异，塑性阶段的差异较不明显。曲线在弹性阶段

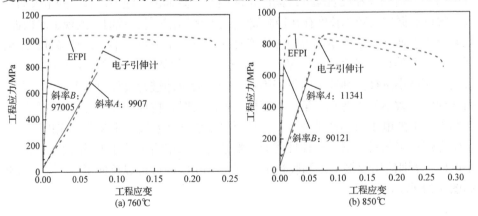

(a) 760℃　　　　　　　　　　　　　　(b) 850℃

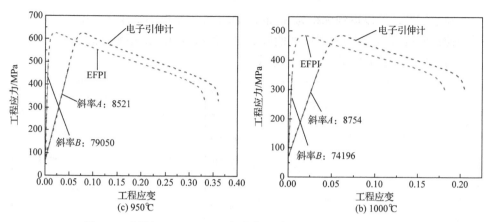

图 2.22　标距 8mmDZ125 工字形小试样工程应力-工程应变曲线

的差异直接导致拟合曲线得到的弹性模量有较大差异。分析其原因，可以认为：电子引伸计所测工程应变包含了拉伸杆的应变和小试样上的全部应变，而在弹性阶段，虽然拉伸杆横截面上的应力水平较低，但拉伸杆在高温炉中的长度是工字形小试样的数倍，在弹性阶段拉伸杆的高温拉伸应变仍然占所测总应变很大的比重。光纤 EFP1 传感器所测工程应变只包含小试样的标距段部分，因此 EFPI 在弹性阶段所测应变明显小于电子引伸计所测应变，从而导致弹性阶段工程应力-工程应变曲线的斜率有较大差异，但当小试样进入塑性阶段，拉伸杆上的载荷随拉伸位移的增长而略微下降，此时拉伸杆会恢复少量的弹性变形，导致电子引伸计所测应变较 EFPI 所测应变小，但此时载荷下降量小，二者间的差异不太明显。

　　图 2.23(a)为标距为 8mm 的 DZ125 工字形小试样在各个典型温度下高温拉伸过程中电子引伸计所测工程应力-工程应变曲线。图 2.22(b)为标距为 8mm 的 DZ125 工字形小试样高温拉伸过程中耐高温 EFPI 所测工程应力-工程应变曲线。

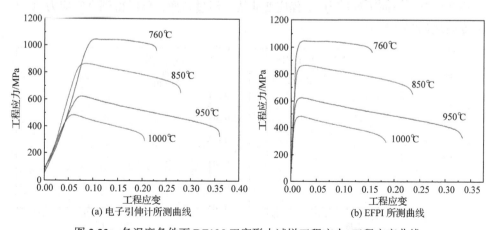

图 2.23　各温度条件下 DZ125 工字形小试样工程应力-工程应变曲线

经过转换，可以得到标距为 8mm 的 DZ125 工字形小试样高温拉伸过程中电子引伸计所测真实应力-真实应变曲线如图 2.24(a)所示，新型耐高温 EFPI 所测真实应力-真实应变曲线如图 2.24(b)所示。

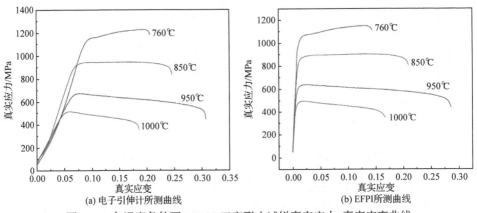

图 2.24　各温度条件下 DZ125 工字形小试样真实应力-真实应变曲线

由图 2.24 可以看出，随温度升高，DZ125 工字形小试样的屈服强度、抗拉强度均降低，断裂伸长率先增加后减少。此外，根据试验数据可以得到弹性模量、断裂伸长率、屈服强度、抗拉强度的准确数值，如图 2.25 所示。图中给出了材料手册中的弹性模量、屈服强度、抗拉强度和实际测量的断裂伸长率作为参考。

由图 2.25 可知，EFPI 所测的弹性模量的精度远远高于电子引伸计的测量精度；EFPI 所测断裂伸长率的精度略高于电子引伸计的测量精度；EFPI 所测屈服强度与抗拉强度的精度与电子引伸计的测量精度差异不大。

图 2.26(a)为标距为 4mm、8mm、12mm 的 DZ125 工字形小试样在 850℃下高温拉伸过程中电子引伸计所测工程应力-工程应变曲线，图 2.26(b)为耐高温 EFPI 大应变传感器所测工程应力-工程应变曲线。经过转换，可以得到真实应力-真实应变曲线如图 2.27 所示。

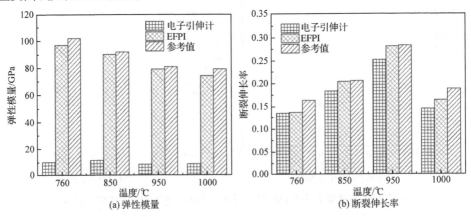

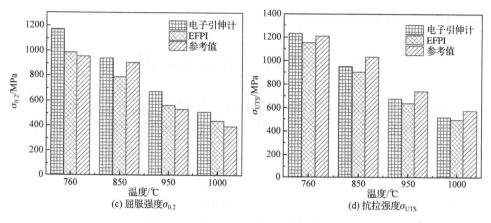

(c) 屈服强度σ₀.₂

(d) 抗拉强度σUTS

图 2.25　DZ125 工字形小试样拉伸性能

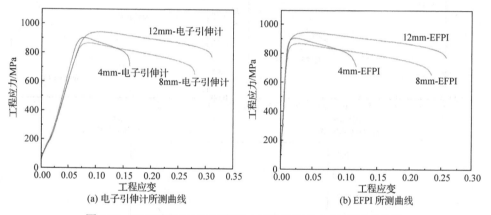

(a) 电子引伸计所测曲线

(b) EFPI 所测曲线

图 2.26　850℃下 DZ125 工字形小试样工程应力-工程应变曲线

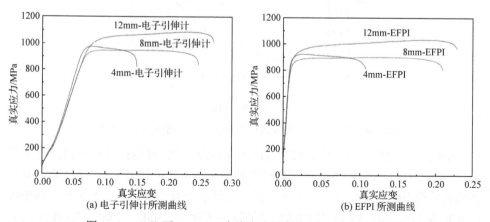

(a) 电子引伸计所测曲线

(b) EFPI 所测曲线

图 2.27　850℃下 DZ125 工字形小试样真实应力-真实应变曲线

综上，随着标距段长度延伸，小试样的断裂伸长率变大，而屈服强度和抗拉强度先降低后升高[3]。

2.5　小试样高温蠕变试验结果

为了研究 EFPI 固定工艺对工字形小试样持久性能的影响情况，使用电子引伸计分别测得了焊接 EFPI 的试样和未焊接 EFPI 试样的蠕变曲线。试验结果如图 2.28 所示。

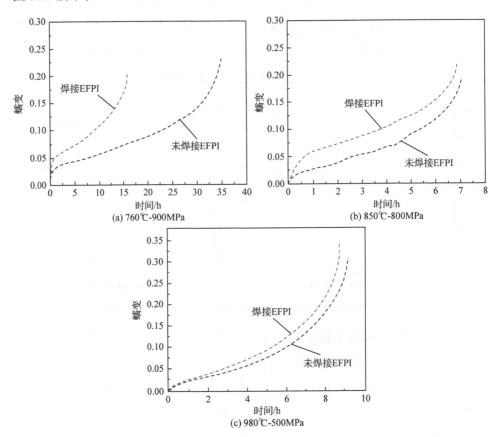

图 2.28　使用电子引伸计测得的 DD6 工字形小试样蠕变曲线

由图 2.28 可以看出，焊接 EFPI 的试样和未焊接 EFPI 的试样蠕变曲线有一定差异。在 760℃，焊接 EFPI 的试样蠕变断裂时间不到未焊接 EFPI 试样的一半，而前者的稳态蠕变速率也显著大于后者。文献中 760℃-900MPa 条件下，蠕变断裂时间为 12h，与焊接 EFPI 的试样结果较为接近[4]。因此，未焊接 EFPI 的试样结果可能是材料在 760℃下的分散性引起的。在 850℃和 980℃，焊接 EFPI 的试样与未焊接 EFPI 试样的蠕变曲线差异较小，但仍表现出前者的蠕变断裂时间较短的现象。因此，可以认为在 DD6 小试样表面焊接 EFPI 会对蠕变寿命产生轻微影响，焊接过程对小试样造成了一定损伤。

焊接 EFPI 的工字形小试样在 760℃-900MPa 条件下由电子引伸计和 EFPI 分别测得的蠕变-时间曲线如图 2.29 所示。可以看出，在蠕变第一阶段，电子引伸计与 EFPI 的蠕变测量结果差异较小，蠕变曲线基本重合，到蠕变第二阶段和第三阶段，两者的差异变得较为明显。通过对蠕变第二阶段曲线进行线性拟合，可以得到电子引伸计与 EFPI 测得的稳态蠕变速率分别为 $0.00637h^{-1}(1.769\times10^{-6}s^{-1})$、$0.0057h^{-1}(1.583\times10^{-6}s^{-1})$。电子引伸计与 EFPI 测得的蠕变断裂伸长率分别为 20.56%、18.38%。

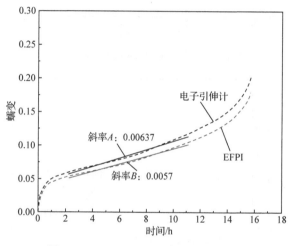

图 2.29　760℃-900MPa 蠕变-时间曲线

焊接 EFPI 的工字形小试样在 850℃-800MPa 条件下由电子引伸计和 EFPI 分别测得的蠕变-时间曲线如图 2.30 所示。可以看出，在蠕变第一阶段、第二阶段，电子引伸计与 EFPI 的蠕变测量结果差异较小，蠕变曲线基本重合，到蠕变第三阶段，两者的差异变得较为明显。通过对蠕变第二阶段曲线进行线性拟合，可以得到电子引伸计与 EFPI 测得的稳态蠕变速率分别为 $0.01505h^{-1}(4.181\times10^{-6}s^{-1})$、$0.0144h^{-1}(4\times10^{-6}s^{-1})$。电子引伸计与 EFPI 测得的蠕变断裂伸长率分别为 22.06%、21.10%。

焊接 EFPI 的 DD6 工字形小试样在 980℃-500MPa 条件下由电子引伸计和 EFPI 测得的蠕变-时间曲线如图 2.31 所示。可以看出，在蠕变第一阶段，电子引伸计与 EFPI 的蠕变测量结果差异较小，在第二阶段、第三阶段两者的差异有逐渐上升的趋势。通过对蠕变第二阶段曲线进行线性拟合，可以得到电子引伸计与 EFPI 测得的稳态蠕变速率分别为 $0.01472h^{-1}(4.089\times10^{-6}s^{-1})$、$0.01307h^{-1}(3.631\times10^{-6}s^{-1})$。电子引伸计与 EFPI 测得的蠕变断裂伸长率分别为 31.06%、27.58%。

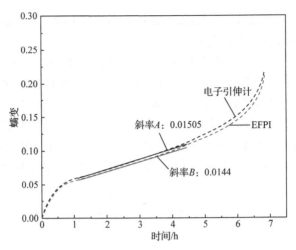

图 2.30 850℃-800MPa 蠕变-时间曲线

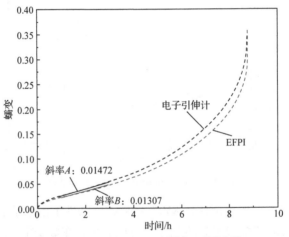

图 2.31 980℃-500MPa 蠕变-时间曲线

焊接 EFPI 的 DD6 工字形小试样在 980℃-550MPa 条件下由电子引伸计和 EFPI 测得的蠕变-时间曲线如图 2.32 所示。可以得到电子引伸计与光纤 EFPI 传感器测得的稳态蠕变速率分别为 0.03429h^{-1}(9.525×10^{-6}s^{-1})、0.03349h^{-1}(9.303×10^{-6}s^{-1})。蠕变断裂伸长率为 33.34%、32.55%。

焊接 EFPI 的工字形小试样在 980℃-600MPa 条件下由电子引伸计和 EFPI 测得的蠕变-时间曲线如图 2.33 所示。可以得到电子引伸计与 EFPI 分别测得的稳态蠕变速率为 0.14987h^{-1}(4.163×10^{-5}s^{-1})、0.1356h^{-1}(3.767×10^{-5}s^{-1})。蠕变断裂伸长率为 28.18%、25.50%。

对 980℃-500MPa、980℃-550MPa、980℃-600MPa 条件下 EFPI 所测蠕变曲线拟合得到并经转换的稳态分切蠕变速率 ($\dot{\gamma}_\alpha$) 和对应的分切应力 (τ_α) 水平分别

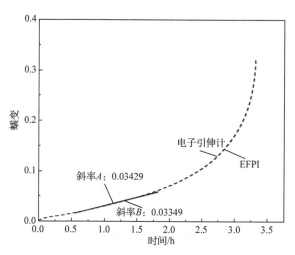

图 2.32　980℃-550MPa 蠕变-时间曲线

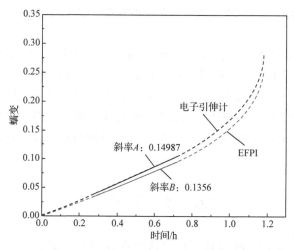

图 2.33　980℃-600MPa 蠕变-时间曲线

以自然常数为底数取对数[5]，可以得到二者的关系如图 2.34 所示。由图可知，在温度固定时，随分切应力的增长，稳态分切蠕变速率增加，二者在双对数坐标系下近似为线性关系。对 980℃-500MPa、980℃-550MPa、980℃-600MPa 条件下 EFPI 所测的分切应力和对应的蠕变断裂时间(t)分别以自然常数为底数取对数，可以得到二者的关系如图 2.34(b)所示。由图 2.34(b)可以发现，在温度固定时，随分切应力的增长，蠕变断裂时间缩短，二者在双对数坐标系下近似为线性关系。

　　电子引伸计与 EFPI 所测蠕变曲线差异的原因可以解释为在高温环境及一定载荷下，小试样上除标距段以外，圆弧过渡段也会产生一定的蠕变变形，而电子引伸计测量的结果为二者的蠕变之和[6]，数据处理过程中直接将试样标距段作

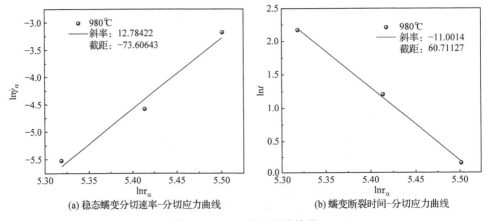

(a) 稳态蠕变分切速率-分切应力曲线　　　　　　(b) 蠕变断裂时间-分切应力曲线

图 2.34　980℃蠕变试验结果

为原始长度计算蠕变,造成测得蠕变较实际值大。EFPI 的两端分别固定在试样标距段的两端,因此测得蠕变只包含标距段的蠕变,较电子引伸计测得的蠕变小且更为准确[7]。

此外,进行高温蠕变试验时,发现双侧电子引伸计方法测量蠕变存在以下两个缺点:第一,升温过程结束后,电子引伸计上已经有数毫米的变形(拉杆的热应变和弹性应变为主),导致测量蠕变变形时可能出现量程不足的情况,表现为蠕变进行过程中单个或两个引伸计的示数不发生变化。第二,当试样蠕变时,电子引伸计测量的蠕变是试样整体的蠕变变形,而非单独的标距段部分,导致测量的蠕变伸长率较实际值大[8,9]。

2.6　本章小结

(1) 新型耐高温 EFPI 大应变传感器的静态/动态标定试验表明[9],EFPI 在静态和动态测试环境中的线性度良好。在腔体长度增量为 1000μm 时,测量误差为 2.66%。升温试验表明,EFPI 的温度-应变交叉灵敏度随温度的升高而降低,在 60℃以后保持在较低的水平,即 4.65με/℃附近,因此可以认为环境温度对传感器输出的影响较小。

(2) 根据各个典型温度(760℃、850℃、950℃、1000℃)下拉伸过程的仿真结果,采用不同标距段长度的 DZ125 小试样,传感器测得的弹性阶段的工程应力-工程应变曲线线性度较高,而测得的弹性模量略有差异。与标准平板试样和标距为 4mm 和 12mm 的小试样相比,在高温拉伸试验中采用标距为 8mm 的小试样,EFPI 测得的弹性模量最为准确,测量偏差小于等于 1.09%

(3) 采用 EFPI 测量钢材质工字形小试样在 900℃下的工程应力-工程应变曲

线表明，EFPI 的腔体长度最大值为 7979.86μm，对应的应变(拉伸应变+热应变)为 0.93897，钢材质在高温下的塑性远优于 DZ125 等镍基高温合金，因此 EFPI 的应变量程能满足测量 DZ125 全应力-应变曲线的需要。

(4) 采用 EFPI 测得了 DZ125 在 760℃、850℃、950℃、1000℃下的应力-应变曲线，并与金属挡板+双侧电子引伸计法的测量结果进行对比，发现两者在小试样处于弹性阶段时有较大差异，导致测量的弹性模量有较大差异，而在塑性阶段两者的差异较小。此外，随高温拉伸试验温度升高，DZ125 工字形小试样的屈服强度、抗拉强度均降低，断裂伸长率先增加后减少。

(5) 采用不同标距段长度的 DZ125 工字形小试样进行高温拉伸试验，根据 EFPI 和电子引伸计的测量结果，随着标距段长度的增加，小试样的断裂伸长率增加，而屈服强度和抗拉强度先减小后增加。

(6) 通过多种温度和应力水平条件下的高温蠕变试验，验证了 EFPI 具备在高温下长时间测量应变的能力，适合用于测量 DD6 工字形小试样高温蠕变曲线。使用电子引伸计分别测得焊接 EFPI 的试样和未焊接 EFPI 的试样蠕变曲线，发现焊接工艺会对小试样的持久性能造成轻微影响。

(7) 通过将 EFPI 与间接接触式电子引伸计的测量结果进行对比分析，发现电子引伸计与 EFPI 测量的蠕变曲线在蠕变第一阶段差异较小，在蠕变第二阶段和蠕变第三阶段两者的差异有逐渐增大的趋势。总体来说，电子引伸计测得的应变(蠕变)较 EFPI 的大。这是因为电子引伸计测得的蠕变变形是试样整体的蠕变变形之和，而 EFPI 所测蠕变变形只包含标距段部分。可以认为 EFPI 的测量结果更为准确。在高温蠕变的试验过程中，发现电子引伸计存在量程不足，造成在小试样发生一定变形量之后单侧或双侧引伸计示数不变，以及测量的蠕变伸长率较实际值大等缺点。

(8) 通过 980℃不同应力水平下 DD6 小试样蠕变试验的结果进行对比分析，可以发现温度固定时，随分切应力的增长，稳态分切蠕变速率增加，二者在双对数坐标系下近似为线性关系；随分切应力的增长，蠕变断裂时间缩短，二者在双对数坐标系下近似为线性关系。

参 考 文 献

[1] Wen Z X, Ai C S, Wang J D, et al. A novel extrinsic Fabry-Perot interferometric sensor for Inconel 718 tensile properties measurement[J]. Measurement, 2021, 179: 109456.

[2] 刘繁, 李志强, 谭跃刚, 等. 光纤光栅高温应变测量及工作温区调控方法[J]. 压电与声光, 2023, 45(4): 579-583.

[3] Wang J D, Zhang Y L, Wang X S, et al. Thermodynamics-based method considering orientation and notch effect to predict the high cycle fatigue life of a nickel-based single crystal superalloy[J]. International Journal of Fatigue, 2023, 168: 107452.

[4] 姚维强, 司文荣, 吕佳明, 等. EFPI 光纤超声传感器及其潜在局放检测应用综述[J]. 高电压技术, 2020, 46(6): 1855-1866.

[5] 袁俊杰, 刘喜银, 张萌颖, 等. 干涉型光纤传感器相位生成载波技术研究进展[J]. 激光杂志, 2023, 44(9): 1-10.

[6] 王元生, 温志勋, 艾长胜, 等. 一种新型结构非本征 F-P 传感器全应变测量性能研[J].航空工程进展, 2021, 12(3): 137-143.

[7] 吴安民, 张燕明, 李影. 金属拉伸蠕变及持久试验方法国标新旧版本对比[J]. 物理测试, 2017, 35(1): 54-59.

[8] 孙通. 镍基单晶高温合金蠕变行为研究[D]. 南昌: 南昌航空大学, 2022.

[9] 刘冬冬, 王伟, 王昆鹏, 等. 基于 EFPI-FBG 结构的光纤复合传感器研究[J]. 宇航计测技术, 2023, 43(2): 51-57, 82.

第3章 叶片本征性能测试方法

3.1 引　　言

本章介绍了小型薄板试样试验方法，该方法可以获得拉伸、蠕变和低循环疲劳性能数据。采用参考应力法建立薄板试样试验数据与等效单轴试验数据之间的转换关系。薄板试样可以视为小型单轴试样，可以准确地获得全阶段蠕变数据，并且由于厚度小，特别适合测试较薄的结构，如航空发动机涡轮叶片局部本征力学性能提取、焊接件中的热影响区、涂层-基底材料的力学表征及增材制造材料的局部各向异性。此外，本章还提供了试验验证数据，说明了该测试方法的适用性和局限性。

小型薄板试样试验的潜在应用之一是涂层-基底系统，这是关键部件在先进高温应用场景中提高基体结构耐热性，进而提升使用寿命的典型案例。通常，涂层的厚度非常小，并且不可能取出较大样品来进行常规的单轴蠕变试验。图 3.1 为含涂层航空发动机涡轮叶片、涂层局部区域光学显微照片和透射电镜照片，概述了含涂层小型薄板试样的显微结构。因此，一种小型的"薄"样品测试技术在这种情况下特别有吸引力。小型环试验[1]适用于确定最小蠕变应变率数据，但不能提供蠕变第三阶段数据。小型双棒试验[2]可以产生全阶段蠕变数据，但由于销钉加载，很难使试样足够"薄"。小冲孔试验[3]可以提供全阶段蠕变数据，但由于复杂变形机制的影响，数据难以得到解释。虽然已经有了测试标准，但数据解释关系是经验性的，只针对特定的试样几何形状。因此，如果能开发出一种与传统蠕变试验关系更直接，且可替代的小型试样测试方法，将会非常有应用前景。有一些研究旨在利用与传统试样几何形状相似的小型试样[4-8]，从力学测试中提取材料特性。一般来说，小型试样和标准试样测试之间的一致性很好，尽管文献中使用的一些试样尺寸相对较大，但仍能观察到差异。

反演方法可以作为提升数据解释精度的工具。许多反演方法已被提出用于确定材料弹塑性参数[9-16]。然而，反演方法尚未普遍用于表征蠕变变形[17]。使用反演方法获得稳态蠕变参数的可行性已得到证实，但蠕变损伤特性尚未包括在内[17]。还有一些关于双材料和多材料系统蠕变行为的研究[18-22]。研究表明，蠕变损伤特性可以基于某些假设，从单轴蠕变试验获得的应变-时间曲线中通过数值方法确定。

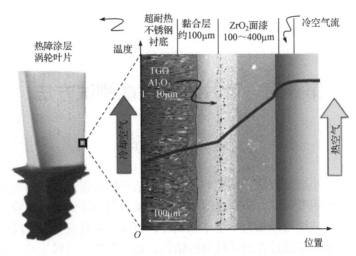

图 3.1　含热障涂层航空发动机单晶涡轮叶片示例[9]
TGO-氧化层

　　本章介绍了小型薄板"单轴"试样试验方法的开发和应用,可用于拉伸、蠕变和低循环疲劳试验,也可通过双材料试验方法结合反演法确定涂层的弹塑性和蠕变损伤性能。为方便起见,在反演过程中使用了简化的解析解。

3.2　数据转换与试验

　　小型薄板试样拉伸(或蠕变)和低周疲劳(LCF)试样试验如图 3.2 所示。小型薄板试样的几何形状由 L_0、d、R、L 和 t 定义,其中,L_0 和 d 为平行标距段的长度和宽度,R 为非均匀截面的半径(圆弧过渡区域),L 为测量轴向(载荷 P 方向)位移 Δ 的两个引伸计之间的距离。t 为试件厚度,因此均匀截面截面积可以表示为 $S = d \times t$。

　　需要注意的是,因为在非常有限的空间内安装电子引伸计非常困难,大多数情况下测量是在试样均匀区域之外,即在夹紧的端部进行。因此,测量的位移与均匀段长度的实际位移并不同,因此需要进行数据转换。

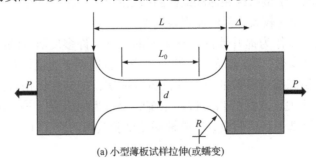

(a) 小型薄板试样拉伸(或蠕变)

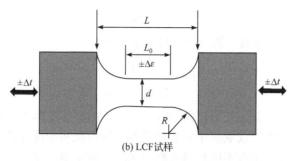

(b) LCF试样

图 3.2　小型薄板试样拉伸(或蠕变)和 LCF 试样示意图

$\Delta\varepsilon$-疲劳试验中的应变

对于单轴拉伸或蠕变试验，L_0/d 应该在 3～5。在试样设计时候，需要保证圆弧过渡段区域半径 R 足够大，以减少应力集中系数，避免在试验过程中的过早边缘失效。必须仔细检查均匀部分和两个端部之间的圆形过渡部分，必要时必须进行打磨。

为了将电子引伸计之间的测量位移(拉伸变形)Δ转换为均匀截面处相应的单轴应变ε，这里采用了一种简化的转换关系，即

$$\varepsilon = \frac{\Delta}{\beta L_0} \tag{3.1}$$

式中，β 是一个规范的比例因子，而βL_0 是等效标距段长度。在实际中，β 是关于拉伸变形Δ或单轴应变ε被测试材料的应变硬化指数，以及非均匀过渡截面的形状和体积的复杂函数。β 可通过对小型拉伸试样试验进行弹塑性有限元分析，利用计算得出的 Δ 和相应的ε 而获得，见公式(3.1)。为简化过程，可使用从一定范围的 β 和应变硬化指数得到的平均 Δ 作为简化。

为了将从小型试样蠕变试验得到的数据转换为相应的单轴蠕变数据，再次采用参考应力法来确定小型薄板试验的转换关系。作为一种简化的方法，利用基于稳态蠕变得到的转换因子η 和 β 进行数据解释。

$$\sigma_{\text{ref}} = \eta\sigma_{\text{nom}} \tag{3.2}$$

$$\dot{\varepsilon}_{\text{ref}} = \frac{\dot{\Delta}}{\beta L_0} \tag{3.3}$$

式中，σ_{ref}、$\dot{\varepsilon}_{\text{ref}}$、$\sigma_{\text{nom}}$ 和 $\dot{\Delta}$ 分别为参考应力、参考应变率、名义应力和测量的位移变化率；L_0 为样品的平行标距段长度。可以简单地表示为 $\sigma_{\text{nom}} = \dfrac{P}{A}$。换算系数是通过对小型试件蠕变试验进行一系列有限元分析确定的，其中采用诺顿幂定律：

$$\dot{\varepsilon}^c = A\sigma^n \tag{3.4}$$

式中，A 和 n 是材料常数。转换因子可表示如下：

$$\beta = \frac{\dot{\varDelta}}{A(\eta\sigma_{\text{nom}})^n L_0} \tag{3.5}$$

由于蠕变试验的整体变形比弹塑性拉伸试验的整体变形要小得多，因此为简单起见，假设转换因子仅取决于原始试样的几何形状和加载方式，它们与材料无关，也与加载无关。选取不同材料常数 A 和 n，对小型试样蠕变试验进行一系列有限元分析。参数 n 的范围为 2～12。在蠕变应变率恒定的情况下，计算每个 n 对应的 A，即 $A_0\sigma^{n_0} = A_i\sigma^{n_i}$。为了便于有限元分析，计算了每条曲线的最小位移变化率。目的是找出令 $\beta' = \dfrac{\dot{\varDelta}}{A(\alpha\sigma_{\text{nom}})^n L_0}$，且与 n 无关的 η。由有限元分析得到，采用多轴系数 $\alpha(0.8～1.3)$ 计算 $\log\beta'$，结果如图 3.3 所示。可以看出，当 $\alpha = 0.984$（$\alpha=\eta$）时，$\log\beta'$ 几乎是常数，且与 n 无关。因此，可以从交点计算转换因子 β，即 $\beta = 1.205$ [23]。

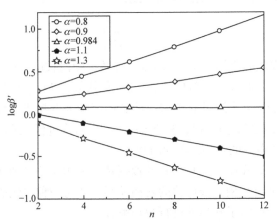

图 3.3 小型蠕变试样转换因子的确定
$L_0/d = 4$；$R/d = 0.67$[23]

一个典型的薄板拉伸或蠕变试样的几何尺寸如图 3.4 所示。详细的加载和夹持装置信息如图 3.5 所示[23]，该夹具由镍基高温合金 Nimonic 115 制成。试件的两端用特制的具有机加工表面特征的夹具夹住，以增加夹具与试件之间的摩擦。位移是由连接到机器加载部件两侧的两个线性可变差动变压器(LVDT)位移传感器来测量的。除室温试验外，安装的试样在三层 3kW 高温炉中进行加热。拉伸试验分别在室温、500℃、600℃和 700℃条件下进行。在每个温度下都进行了多次试验，以验证试验方法的可重复性和一致性。加载过程控制在恒定的位移变化率

0.006mm/s(以达到应变率约为 0.001s⁻¹)。结果表明，拉伸试验结果对 0.0006～0.06mm/s 的加载速率敏感性很低。施加在夹具上的扭矩被调整到 0.5N·m，以避免扭转导致试样开裂，同时提供足够的夹紧力，避免滑动。

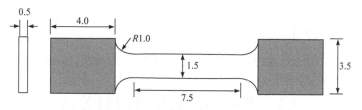

图 3.4　小型薄板拉伸或蠕变试样的尺寸(单位：mm)

图 3.5　小型薄板试样的加载和夹持装置[24]

低周疲劳(LCF)试验通常在应变控制的条件下进行，锯齿形加载采用对称三角形波形，停歇型加载通常采用梯形波形，如图 3.6 所示。使用的小型薄板(MTP)试样如图 3.7 所示，其 L_0/d 为 1～2。低周疲劳试验使用的加载组件和加热单元与拉伸和蠕变试验相同，见图 3.5。通常采用荷载比 $R_e(R_e=-1)$，即完全反向循环荷载。采用三种不同长度均匀截面的试件设计，分别为 MTP-1、MTP-2 和 MTP-3，分别对应 $L_0/d=1.0,1.5,2.0$，见图 3.2(b)。MTP 试样的其他尺寸如图 3.7 所示。

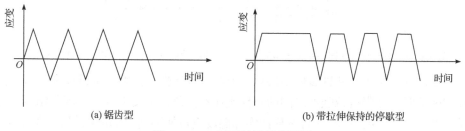

(a) 锯齿型　　　　　　　　　　　　　(b) 带拉伸保持的停歇型

图 3.6　LCF 试验波形示意图[25]

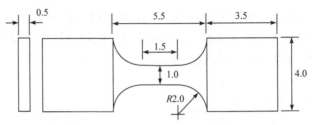

图 3.7　FV566 小型薄板 LCF 试样的尺寸(单位：mm)

3.3　典型测试数据及映射关系

从小型薄板试样试验中获得的高温数据非常有限。本章列举了铝合金、P91 钢和 CoNiCrAlY 涂层的高温拉伸、蠕变和低周疲劳试验实例，以说明薄板试样试验方法的可行性[23-28]。

3.3.1　单轴拉伸数据映射

使用如图 3.4 所示的试样对铝合金进行了小型薄板($t = 0.5$mm)拉伸试验，并将其数据与如图 3.8 所示的标准试样进行的相应拉伸试验进行对比。在厚度大于 1mm 的矩形截面试样上进行拉伸试验时，屈服强度和极限抗拉强度与试样厚度无关[29]。

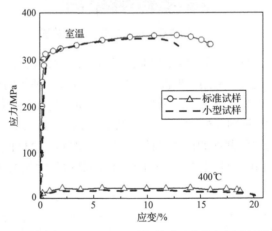

图 3.8　铝合金小型试样在室温和 400℃下的拉伸试验曲线与标准试样拉伸曲线对比[23]

如图 3.8 所示的两种试验结果总体上具有可比性。大型标准试样和小型试样在 400℃时的极限抗拉强度之间的差异比在室温条件下要大得多。部分原因可能是两种试验使用的机器不同，试样的实际温度也可能不同。例如，据报道，在 200～400℃，温度对 A319-Al 合金拉伸性能的影响非常显著[30]，微小的温度波动就可能导致拉伸性能产生巨大的差异。此外，小型试样可能对制造过程的精度及材料内部的原始铸造缺陷更为敏感。

　　使用如图 3.5 所示的试验台在室温条件下和 600℃下对燃气轮机转子钢 FV566 进行小型薄板拉伸试验，获得的数据与图 3.9 中相应的标准试样试验数据进行了比较，两种试验的结果基本相当。两个螺钉螺栓，如图 3.5 所示的扭矩均为 0.5N·m，以提供足够的夹紧力。P91 钢和 CoNiCrAlY 涂层在 600℃下的重复拉伸试验数据见图 3.10。

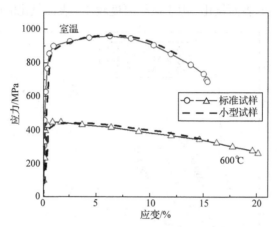

图 3.9　FV566 钢小型试样室温和 600℃拉伸试验曲线与标准试样拉伸试验曲线对比[25]

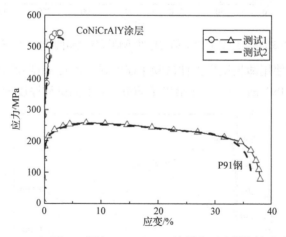

图 3.10　600℃下 P91 钢和 CoNiCrAlY 涂层小型试样拉伸试验曲线

3.3.2　蠕变数据映射

　　图 3.11 为 650℃下不同应力状态下的蠕变试验。施加载荷分别为 100MPa、93MPa 和 87MPa[24]条件下对 P91 钢进行的小型薄板试样蠕变试验和相应的标准

单轴蠕变试验的对比曲线。由图可以看出,在应力水平为87MPa时,小型试样试验和单轴试验在稳定状态下的蠕变应变率非常一致。与93MPa和100MPa的单轴试验相比,小型试样试验显示出更高的蠕变应变率和更短的破坏时间。这些差异可能是机加工中的局部应力集中造成的。例如,在标距段长度两端的夹钳附近存在局部应力集中。此外,小型试样的测试结果可能受到夹紧力的影响,如材料在蠕变测试前所受到的应力。此外,差异还可能是测试过程中发生的表面氧化造成的。图3.11还给出了87MPa小型试样蠕变试验中断试样照片,显示了约45°角的断裂面和一定程度的表面氧化。由于试样厚度较小,表面氧化的影响可能被放大。

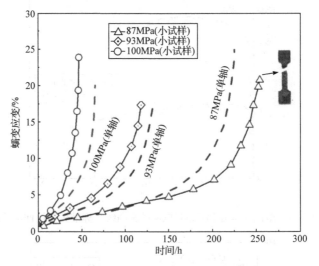

图 3.11　650℃下 P91 钢与标准单轴蠕变试验曲线的对比[23]

　　另外,本节使用薄板试样拉伸试验来研究试样厚度和试验温度对测试结果的影响(600℃下的 P91 钢)。图 3.12 给出了 600℃下不同试样厚度的小型试样拉伸试

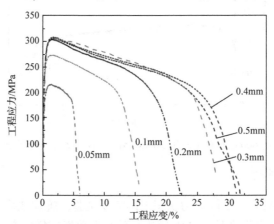

图 3.12　600℃下 P91 钢不同试样厚度的小型试样拉伸试验的工程应力-工程应变转换曲线

验所获得的工程应力-工程应变转换曲线，从图中可以看出，当厚度 t 小于 0.3mm 时，存在明显的尺寸效应。图 3.13 给出了 0.5mm 厚的小型试样在不同温度下进行拉伸试验所获得的工程应力-工程应变转换曲线。

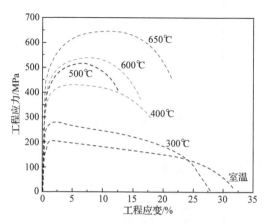

图 3.13　600℃下 P91 钢的工程应力-工程应变转换曲线

0.5mm 厚度样品不同温度下的小型拉伸试验

3.3.3　疲劳数据映射

图 3.14 比较了 FV566 钢在 600℃高温下进行标准试样和小型薄板 LCF 试验时，在第一个周期承受锯齿形载荷时的峰值应力和工程应变响应测量结果。高温 LCF 试验下第一个滞回环的准确性尤为重要，因为它可用于确定统一黏塑模型的弹性参数和随动硬化参数。从图 3.14(a) 中可以看出，两种试验类型得到的滞回环非常吻合。图 3.14(b) 还给出了两种试验获得的峰值应力随时间变化的一致性[25]。如图 3.15 所示，在 600℃下对 FV566 钢进行的小型薄板试验和标准试样试验在第一个周期测得的 LCF 驻留响应之间也得到了较好的吻合。

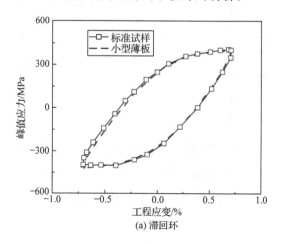

(a) 滞回环

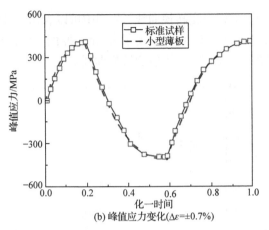

(b) 峰值应力变化(Δε=±0.7%)

图 3.14　600℃条件下 FV566 钢小型薄板与标准试样 LCF 锯齿形响应第一周期的对比[25]

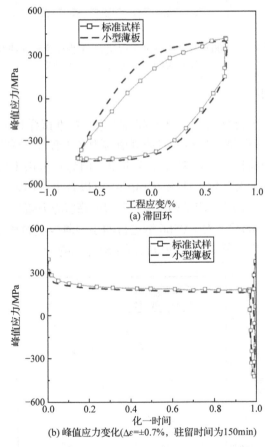

(a) 滞回环

(b) 峰值应力变化(Δε=±0.7%，驻留时间为150min)

图 3.15　FV566 钢 600℃下进行小型薄板和标准试样测试时第一个周期测得的 LCF 驻留响应
比较[25]

循环软化行为对于统一黏塑性模型中各向同性参数的确定和损伤参数的确定是至关重要的。图 3.16 为 FV566 钢于 600℃下进行的小型薄板试样在锯齿型和停歇型波形下和标准试样测得的峰值应力与疲劳周期的关系。总体而言，小型薄板试样在锯齿加载下每个周期的峰值应力变化趋势与相应标准试样疲劳试验的周期响应相似。不过，小型薄板试样试验的循环软化和疲劳寿命要短得多。

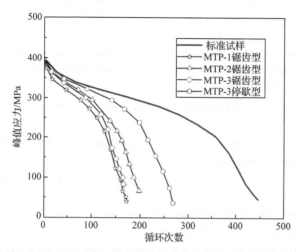

图 3.16　FV566 钢在 600℃温度下进行的小型薄板试样在锯齿型和停歇型波形下和标准试样测得的峰值应力与疲劳周期的关系[25]

3.4　本 章 小 结

小型试样的试验结果与大型标准试样的单轴试验结果基本相当，但也存在一定的差异。这些差异可能来自加工引起的局部应力集中影响，人工处理过程中的随机误差(夹紧位置)，预先存在的应变和表面氧化。测试技术可以通过优化试样设计来改进，以降低应力集中系数，提高制造质量，最大程度地减少表面氧化的影响(如在保护气或真空中进行测试)，以及更准确地测量和控制测试温度。由于试样较薄，夹紧力应控制好。建议采用较大的夹紧面积，以减小接触压力。对于弹塑性拉伸试验，测量因子 β(等效标距段长度 $EGL = \beta L_0$)不仅受到尺寸变化的影响，而且依赖于测试材料的硬化行为。当变形和应变较大时，可能需要进行变形补偿，以提高应变数据解释的准确性。在根据试验材料的晶粒度选择小型薄板试样的最小厚度时，必须仔细考虑可能存在的尺寸效应。

参 考 文 献

[1] Hyde T H, Sun W. A novel, high sensitivity, small specimen creep test[J]. Journal of Strain Analysis for Engineering

Design, 2009, 44 (3): 171-185.

[2] Hyde T H, Balhassn A, Sun W. Interpretation of small ring creep tests[J]. Journal of Strain Analysis for Engineering Design, 2013, 48(4): 269-278.

[3] Hyde T H, Miroslav S, Sun W, et al. On the interpretation of results from small punch creep test[J]. Journal of Strain Analysis for Engineering Design, 2010, 45(3): 141-164.

[4] García T E, Rodríguez C, Belzunce F J ,et al. Estimation of the mechanical properties of metallic materials by means of the small punch test[J]. Journal of Alloys & Compounds, 2014, 582:708-717.

[5] Yang B, Xuan F, Chen J. Evaluation of the microstructure related strength of CrMoV weldment by using the in-situ tensile test of miniature specimen[J]. Materials Science & Engineering r-Reports, 2018, 736: 193-201.

[6] Yang B, Xuan F. Creep behavior of subzones in a CrMoV weldment characterized by the in-situ creep test with miniature specimens[J]. Materials Science & Engineering A, 2018, 723: 148-156.

[7] Dymácek P, Jarý M, Dobeš F, et al. Tensile and creep testing of Sanicro 25 using miniature specimens[J]. Materials, 2018, 11(1): 142-152.

[8] Kumar K, Pooleery A, Madhusoodanan K, et al. Use of miniature tensile specimen for measurement of mechanical properties[J]. Procedia Engineering, 2014, 86: 899-909.

[9] Padture N P, Gell M, Jordan E H. Thermal barrier coatings for gas turbine engine applications[J]. Science, 2002, 296: 280-284.

[10] Gelin J C, Ghouati O. An inverse method for determining viscoplastic properties of aluminium alloys[J]. Journal of Materials Processing Technology, 1994, 45: 435-440.

[11] Husain A, Sehgal D K, Pandey R K. An inverse finite element procedure for the determination of constitutive tensile behavior of materials using miniature specimen[J]. Computational Materials Science, 2004, 31: 84-92.

[12] Kang J J, Becker A A, Wen W, et al. Extracting elastic-plastic properties from experimental loading-unloading indentation curves using different optimization techniques[J]. International Journal of Mechanical Sciences, 2018, 144: 102-109.

[13] Iracheta O, Bennett C J, Sun W. Characterisation of material property variation across an inertia friction welded CrMoV steel component using the inverse analysis of nano-indentation data[J]. International Journal of Mechanical Sciences, 2016, 107: 253-263.

[14] Kang J J, Becker A A, Sun W. Determining elastic-plastic properties from indentation data obtained from finite element simulations and experimental results[J]. International Journal of Mechanical Sciences, 2012, 62: 34-46.

[15] Lu J, Campbell-Brown A, Tu S T, et al. Determination of creep damage properties from miniature thin beam bending using an inverse approach[J]. Key Engineering Materials, 2017, 734: 260-272.

[16] Iracheta O, Bennett C J, Sun W. A holistic inverse approach based on a multi-objective function optimisation model to recover elastic-plastic properties of materials from the depth-sensing indentation test[J]. Journal of the Mechanics and Physics of Solids, 2019, 128: 1-20.

[17] Li Y Z, Stevens P, Geng J F, et al. Determination of creep properties from small punch test with reverse algorithm[J]. Key Engineering Materials, 2017, 734: 212-236.

[18] Pei H Q, Wang S S, Yang Y Z, et al. Thermal fatigue failure analysis and life assessment of Ni-based single crystal superalloys with film cooling holes[J]. Engineering Fracture Mechanics, 2024, 301: 110036.

[19] Hyde T H, Sun W, Tang A, et al. An inductive procedure for determining the stresses in multi-material components under steady-state creep[J]. Journal of Strain Analysis for Engineering Design, 2000, 35: 347-358.

[20] Yang Y Q, Wen Z X, Zhao Y C, et al. Influence of hot corrosion on thermal fatigue behavior of Ni-based single crystal superalloy: Invisible and accelerated crack[J]. International Journal of Fatigue, 2024, 182: 108162

[21] Hyde T H, Yehia K, Sun W. Observation on the creep of two-material structures[J]. Journal of Strain Analysis for Engineering Design, 1996, 31: 441-461

[22] Yue Z F, Li M, Zhou G Y, et al. An overview on recent development of impression creep test[J]. International Journal of Pressure Vessels and Piping, 2024, 208: 105160.

[23] Liu L, Gao H S, Wang J D, et al. Combined high and low cycle fatigue analysis of FGH96 alloy under high temperature conditions[J]. Materials Today Communications, 2024, 38: 108053

[24] Wen W, Sun W, Becker A A. A two-material miniature specimen test method and the associated inverse approach for high temperature applications[J]. Theoretical and Applied Fracture Mechanics, 2019, 99: 1-8.

[25] Li M, Maskill S, Wen Z X, et al. A miniaturized thin-plate low cycle fatigue test method at elevated temperature[J]. Fatigue & Fracture of Engineering Materials & Structures, 2022, 45(5): 1361-1378.

[26] Wen W, Jackson G, Li H, et al. An experimental and numerical study of a CoNiCrAlY coating using miniature specimen testing techniques[J]. International Journal of Mechanical Sciences, 2019, 157: 348-356.

[27] Zhang C, Wang P, Deng Y, et al. Influence of crystal orientations on the creep fracture of a nickel-based single crystal superalloy[J]. International Journal of Solids and Structures, 2024, 288: 112614.

[28] Li Z, Wen Z, Liu Y, et al. Low cycle fatigue behavior and crack initiation mechanism of Ni-based single crystal curved thin-walled blade simulator specimen with film cooling holes[J]. International Journal of Fatigue, 2024, 179: 108069.

[29] Liu L, Gao H S, Wang J D, et al. Microstructure analysis and life prediction of DD6 superalloy under 760℃ combined high and low cycle fatigue conditions[J]. Engineering Fracture Mechanics, 2024, 295: 109796

[30] Gu S, Gao H, Wen Z, et al. Creep properties and life model of anisotropic Ni-based single crystal superalloys over a wide temperature range[J]. International Journal of Mechanical Sciences, 2024, 261: 108674.

第4章 涡轮叶片取样抗蠕变性评估

本章研究针对某未服役涡轮导向叶片，选择三个部位开展了真实叶片取样的试样蠕变/持久等性能试验，得到真实叶片取样不同部位抗蠕变性，包括试验前不同部位基体相和强化相微观组织、蠕变过程微观结构变化规律，试验后断口类型，即断裂方式。同时，对榫头位置开展不同厚度的蠕变小试样取样，开展蠕变试验，得到了厚度对叶片本征力学性能的影响。

4.1 叶片原位取样设计

4.1.1 带孔样模拟件取样设计

叶片取样的模拟试验件加工的主要难点是加工基准的确定[1-8]。常规模拟试验件均在标准试样基础上加工而成，如图 4.1 所示，试验件的中轴线等关键基准信息十分明确，但叶片原位取样获得的试样存在如下情况：

(1) 两侧不全为平面，如盆背侧。

(2) 两侧均为平面，但存在空间角度，在进行模拟取样时，可以选取其中一个平面，找到其中轴线，但实际取样试验，找不到标准平面，无法确定模拟取样时的中轴线。

(3) 与取样一样，很难保障模拟件加工的规范性和一致性。

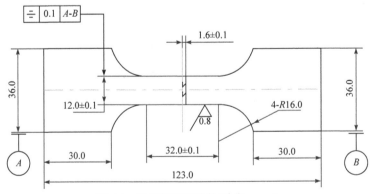

图 4.1 常规模拟试验件(单位：mm)

为了解决上述问题，利用取样特殊的取样夹具，模拟取样试样的加工流程如下(模拟加工过程方向描述以图 4.1 视图方向为主)：

(1) 选取取样试样正面平面，确定其中轴线作为模拟件加工中轴线。

(2) 测量获得试验件中轴线与夹具右侧面距离为 20.8178mm。

(3) 基于取样时已确定的试样底面(与夹具底面位置为 48mm)，向上 15mm 作为试验件考核截面中截面。

(4) 分别选取距离中截面向上、向下 8mm 作为销钉孔中心，销钉孔直径为 4mm。

(5) 在中截面位置，分别选取距离中轴线左右 2mm 作为中截面左右边界，即考核段宽度为 4mm。

按照上述流程,可通过取样夹具确定试验件加工的所有基准信息和定位信息，如图 4.2 所示。获得取样模拟试验件如图 4.3 所示,同时可以根据各个取样试样的尺寸，设计不同考核部位的模拟试验件。

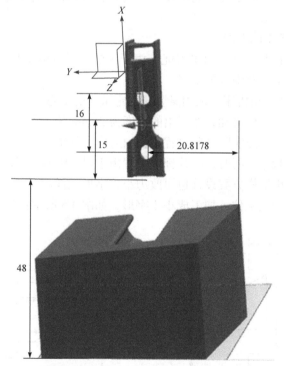

图 4.2　取样模拟试验件加工(单位：mm)

图 4.3　取样模拟试验件

4.1.2　工字形模拟件取样设计

为了保证最大程度地利用叶片取样，加工出更多的取样样本，并且得到受到尺寸限制的部位，如榫头部位的样本，根据前几章研究的叶片割取小试样高温蠕变试验技术和涡轮叶片具体的几何尺寸，开展小试样设计加工及试验[1]。

1. 隔板

方案一：加工成长工字形试样，其中三件按照中线定位加工，三件按照两侧两端定位加工，尺寸及形状如图 4.4 所示(厚度按原始厚度)：

综合考虑，隔板定位方式沿中线比较好，因为外轮廓存在一定的偏差倾斜角度，会影响切取试样的精度。确定按照中线定位加工的试样更精确。

中线的确定方法：

(1) 保证图纸正确无误。

(2) 测量工件尺寸，确定工件中心，由于试样上下两端并不一致，因此在上机床之前需将工件中心及中线确定好。

(3) 将工件装夹至机床，采用悬坠法确定试样的中心。

由试制的 6 件试样可知，加工出的长度为 26mm 的工字形试样，在长度方向存在一定的弧度，导致实际试验过程中会引入应力三轴度，试样横截面存在较为复杂的多轴应力状态。同时，叶片榫头位置由于尺寸限制，只能加工成小工字形方案，因此将隔板取样方案设计也更改为小工字形试样。

方案二：沿中线定位，加工成小工字形，如图 4.5 所示：

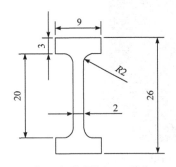

图 4.4　长工字形(隔板 02)(单位：mm)

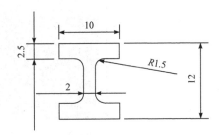

图 4.5　小工字形(单位：mm)

2. 榫头

先将叶片榫头部位切下，再将其进行一次解剖，切成五份，对每一份分别进行二次解剖，加工为工字形小试样[7]，尺寸及形状如图 4.5 所示，实际取样情况如图 4.6 所示。为了对比榫头和叶片的其他部位，在厚度一样的情况下的持久性能，结合榫头的具体尺寸选择如下厚度：0.8mm、1mm、1.2mm、1.5mm、2mm。

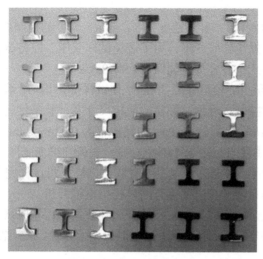

图 4.6   工字形小试样实物

3. 叶背、前缘、叶盆

原取样方案设计为加工成带孔工字形试样，厚度按原始件厚度。经过先期试制，更改为工字形小试样，尺寸及形状如图 4.5 所示。小试样加工采用在钼丝线切割机上慢走丝切割。

4.1.3   叶片原位取样设计合理性

针对涡轮叶片不同部位设计的小试样及带孔试样取样方案，完成叶身小试样980℃拉伸试验及 980℃/245MPa 的蠕变试验。试验标准参照金属力学性能试验方法国家标准《金属材料单轴拉伸蠕变试验方法》(GB/T 2039—2012)进行。蠕变试验在长春试验机研究所 CSS-2905 高温电子持久蠕变试验机上完成，蠕变变形采用电子引伸计测量试样实时位移变化，所有蠕变试验均进行至试样断裂。

按照金属高温拉伸试验标准执行本试验，试验步骤如下：

(1) 为准确计算试样的横截面积，在试验前应对试样表面及尺寸进行检查，试样表面不应有划伤或缺陷。试样的横截面积应在计算长度内的两端及中部测量，在每处相互垂直方向上各测一次，以计算的最小横截面积为准。

(2) 对试验温度、试样尺寸、加载条件等相关原始信息作详细记录。

(3) 按顺序依次打开计算机、控制器及试验机电源，对机器进行安全检查和标准测试后启动试验机。本试验采用的试验机为高温电子持久蠕变试验机，型号为CSS-2905。

(4) 将试样正确加装至试验机上，保证试样位于高温炉的中心以便受热均匀，并安装引伸计。

(5) 对试样进行升温，升温速度为 5℃/min，温度的控制误差应小于 3℃。由于升温过程中试样发生膨胀变形，为了避免试样受压，应将试验机控制模式由位移控制改为载荷模式，并施加拉伸保持载荷 0.05kN。

(6) 待温度升至目标值后保温 30min，使试样受热均匀。编制加载谱并进行蠕变试验，采用载荷控制，根据试样横截面积尺寸及试验条件进行确定，初步定为试验温度 980℃，试验载荷 245MPa，加载速率为 0.02mm/min，加载至试样断裂。

(7) 试验过程中要求记录试样断裂寿命、载荷和蠕变变形等原始数据。

(8) 试验结束后，待温度降至室温时取出试样，将试样完整地保存在试样袋中，并保持试样断口清洁，以便进行断口扫描电镜分析。

需要说明的是试验环境为空气，所有试验数据均由相应试验机配套的软件自动记录，所有试样均在同一台机器上加工以保持一致性。试验结果如表 4.1、表 4.2 所示。

表 4.1　试验总时间、总位移、总应变数据(工字形)

试验件编号	总位移/mm	试验总时间/h	总应变/%
叶片 01 隔板 02①	1.128	16.03	28.20
叶片 01 隔板 02②	1.206	24.94	30.15
叶片 01 叶盆	1.262	21.72	31.55
叶片 03 前缘①	1.234	17.65	30.85
叶片 03 前缘②	0.780	21.34	19.50
叶片 03 叶背①	0.960	21.67	24.00
叶片 03 叶背②	0.949	6.39	23.73

表 4.2　试验总时间、总位移、总应变数据(带孔型)

试验件编号	总位移/mm	试验总时间/h	总应变/%
叶片 01 隔板 01	3.037	33.68	75.92
叶片 01 前缘	5.356	8.88 (带气膜孔)	33.90
叶片 01 叶背	3.568	12.74	89.20
叶片 02 隔板 01	0.899	13.41	22.48

从上述试验总时间的结果来看，工字形的总时间为 16.03h、24.94h、21.72h、17.65h、21.34h、21.67h、6.39h，除去最后一组数据，其他都在 16~25h，较为集

中。带孔型的数据分散度较大，试验总时间分别为33.68h、8.88h、12.74h、13.41h。因此，从寿命(试验总时间)数据分布来看，工字形方案较好。通过处理位移-时间曲线和应变-时间曲线可知，工字形试样的蠕变曲线整体上很清晰地显示出试样蠕变的三个阶段，曲线平滑；带孔型的位移-时间曲线和应变-时间曲线图除隔板01外，蠕变曲线的第三阶段波动较大，为极速断裂，因此工字形试验件更优[2]。

图4.7为工字形试样图，由图可知工字形形状较规整、统一，除榫头外工字形每个部位最多可加工三个；带孔型每种试样试验件外形都不统一，每个部位最多可加工一个试验件。从试验件数量上对比工字形可加工数量多于带孔型试验件。从试验件厚度来看，除榫头外，其余部位试验件对比工字形有厚度差，但差异较小，而带孔型考核段厚度差比工字形大很多。工字形在加工后的数据优于带孔型。

图4.7 工字形试样图

综合以上五个角度，可以看出工字形方案优于带孔型方案，因此最终选取工字形试样。本章采用的叶片材料为定向凝固高温合金DZ125材料，对于未服役真实涡轮叶片，在叶片上分别切取叶盆、叶背、隔板、前缘和榫头部位的小工字形试样，榫头取样部位如图4.8所示。

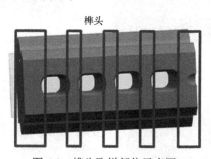

图4.8 榫头取样部位示意图

4.2 叶片不同部位原位取样抗蠕变性评估

4.2.1 叶片不同部位原位取样拉伸试验数据

针对叶片的服役环境温度，设计工字形小试样拉伸试验，在980℃温度下做不同部位(叶盆、叶背、隔板、前缘、榫头)速率为 0.3mm/min 的拉伸试验。试验结果如表 4.3 所示,将拉伸结束后的试样断口切割后,用丙酮和无水乙醇清洗,用蔡司场发射电子扫描显微镜观测断口,采用 12kV 电压,用 SE2 探头观测,结果如图 4.9 所示。不同部位的抗拉强度有所不同,但差别不大,抗拉强度从高到低依次为叶背 524.37MPa、叶盆 523.52MPa、隔板 517.24MPa、榫头 516.65MPa、前缘 497.84MPa。

表 4.3　不同部位拉伸试验结果

部位	温度/℃	速率/(mm/min)	抗拉强度/MPa
隔板	980	0.3	517.24
叶盆	980	0.3	523.52
叶背	980	0.3	524.37
前缘	980	0.3	497.84
榫头	980	0.3	516.65

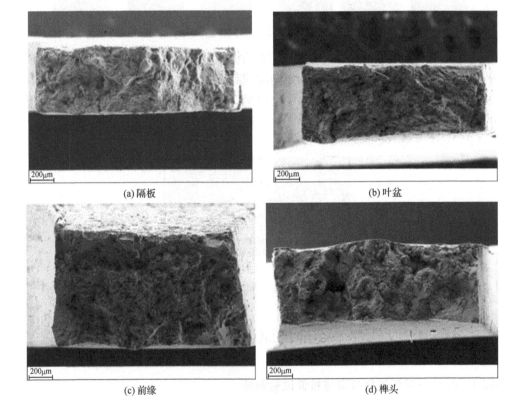

(a) 隔板　　　　　　　　　　(b) 叶盆

(c) 前缘　　　　　　　　　　(d) 榫头

图 4.9　980℃不同部位拉伸断口

4.2.2　叶片不同部位原位取样蠕变试验数据

对于原始叶片的不同部位(五个)切取的小试样开展蠕变试验，试验温度为980℃，应力为 245MPa 和 267MPa。为了便于对比，设计了标准 DZ125 圆棒试样，在相同的条件开展对比试验，试样尺寸形貌如图 4.10 所示。试验过程见 4.1.3 小节。蠕变试验结果如表 4.4 所示。根据试验数据分别绘制不同部位在 980℃温度下，245MPa 和 267MPa 条件下的蠕变-时间曲线如图 4.11 和图 4.12 所示。

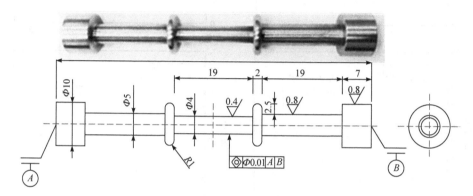

图 4.10　标准试样实物图及尺寸图(单位：mm)

表 4.4　不同部位蠕变试验结果

温度/℃	应力/MPa	部位	应变ε/%	蠕变寿命/h
980	245	叶背	15.43	24.82
		隔板	16.32	46.43
		前缘	15.67	41.80
		叶盆	15.53	30.93
		榫头	21.82	64.20
		标准	21.82	66.80
	267	叶背	20.92	18.78
		隔板	23.97	24.18
		前缘	24.85	27.36
		叶盆	20.72	32.00
		榫头	28.13	45.25
		标准	20.26	50.21

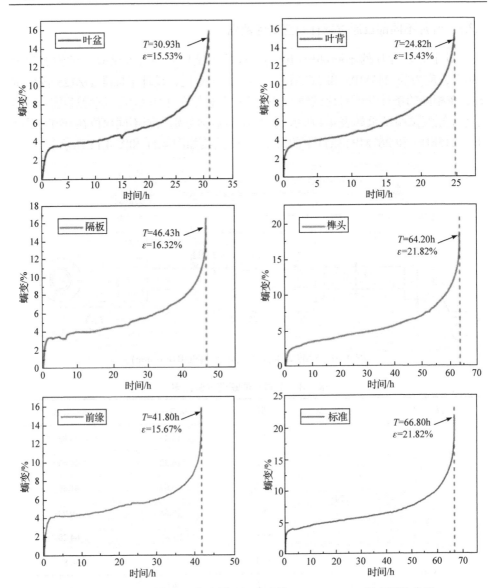

图 4.11　叶片不同部位原位取样及标准试样 980℃/245MPa 蠕变试验曲线

T-蠕变寿命；*ε*-应变

　　由试验结果及蠕变曲线可知，980℃/245MPa 条件下，蠕变寿命和 980℃/267MPa 条件下规律大致一致。980℃/245MPa 条件下，蠕变寿命由小到大依次是叶背 24.82h、叶盆 30.93h、前缘 41.80h、隔板 46.43h、榫头 64.20h，分别为对比标准试验件的 37.15%、46.30%、62.57%、69.51%、96.11%。

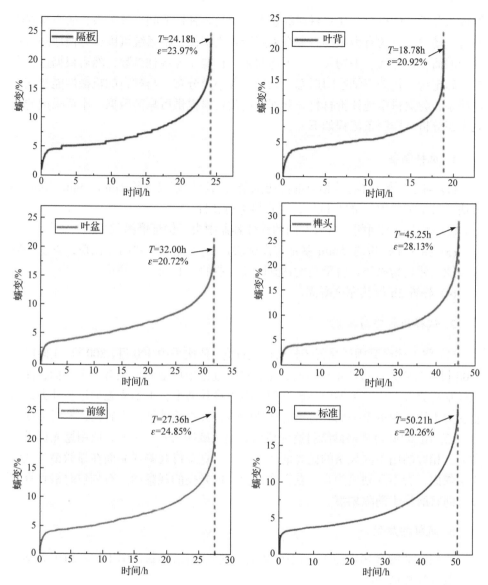

图 4.12　叶片不同部位原位取样及标准试样 980℃/267MPa 蠕变试验曲线

4.2.3　叶片不同部位原位取样微观组织演化

金相分析是金属材料试验研究的重要手段之一，采用定量金相学原理，由二维金相试样磨面或薄膜的金相显微组织的测量和计算来确定合金组织的三维空间形貌，从而建立合金成分、组织和性能间的定量关系。将计算机应用于图像处理，具有精度高、速度快等优点，可以大大提高工作效率。计算机定量金相分析正逐渐成为分析各种材料，建立材料的显微组织与各种性能间定量关系，研究材料组织转变动力学等的有力工具。本章采用计算机图像分析系统可以很方便地测出特征物的面积百分数、平均尺寸、平均间距、长宽比等各种参数，然后根据这些参数来确定特征物的三维空间形态、数量、大小及分布，与材料的机械性能建立内在联系，为更科学地评价材料，合理地使用材料提供可靠的数据。本章采用的微观组织分析试样制备流程如下。

1. 试样制备

(1) 对于原始结构，从相应部位切割余料附近切割尺寸约 1mm×2mm×2mm 的方块。对于试验中/后的小试样，可直接进行铸件。

(2) 将待观测面朝下置入专门的铸件容器中央，保证磨抛效果。

(3) 倒入牙托粉约 5mm(基本淹没试块)，滴入酯直至浸润牙托粉，重复上述步骤加入牙托粉和酯，直至高度达到圆筒容器的 3/4～4/5 时停止。

(4) 静置 2h 待其完全凝固。

2. 试样的打磨与抛光

(1) 将上述已凝固样品置于打磨机上打磨。依次采用 400 目、800 目、1200 目、2000 目规格砂纸。边加水边打磨，注意打磨过程中保证试样只有一个平面，保持试样垂直放置，依靠接触面与砂纸间摩擦力将其磨平，手不要施加过多外力，防止受力不均出现多个平面。打磨时如遇噪声过大查验砂纸是否破损，及时更换。

(2) 用 2000 目规格砂纸打磨完成后，确认试样为一个平面，换用抛光机进行抛光。相应的用不同规格的抛光液和抛光布，直至待观测样品面在显微镜下观测为全黑面，看不到划痕为止，获得像镜面一样光亮的观察面。有划痕时沿垂直划痕方向打磨易于消除划痕。

3. 试样的腐蚀

采用标准的金相样品制备程序(磨制、抛光和侵蚀)制备用于微观组织观察的叶片及叶片材料样品。

(1) 化学腐蚀。晶粒和枝晶的显示采用化学侵蚀的方法，所用试剂配比(体积比)为 $V(HCl):V(H_2O_2):V(H_2O)=2:1:2$，采用脱脂棉蘸取试剂擦拭样品表面至其变色即可腐蚀强化相γ'。腐蚀液配制：丙三醇、氢氟酸、浓硝酸按照体积比 3:2:1 依次加入塑料瓶，切记不可使用玻璃瓶。腐蚀液配好后盖紧瓶盖，防止反应气体弹开瓶盖，静置 1d 后采用脱脂棉蘸取试剂擦拭样品表面至其变色即可。化学腐蚀时，用镊子夹牢试件，用棉签蘸取腐蚀液涂于观察面，待 2～3s 后，试样表面变蓝，立即用清水冲洗，避免腐蚀过度出现试样表面变黄的现象。然后采用超景深显微镜观察,如果发现沿[001]向的观察面出现明显条纹,则说明腐蚀较好(垂直[001]向会观测到小十字)。腐蚀完成后,将试样放在装有酒精的烧杯中,超声振动清洗掉残余腐蚀液,装袋。

(2) 电化学腐蚀。显示强化相的电化学腐蚀液为氯化铁和浓硫酸,也可用磷酸、硝酸、硫酸(体积比为 3∶10∶12)配制电化学腐蚀液。腐蚀前,用电焊笔将试块焊出。焊出过程中注意不要触碰到观察面,从边缘焊出。将焊出的试块观察面朝上,置于装有丙酮的烧杯中,放入仪器中利用超声振动清洗表面,再置于装有酒精的烧杯中清洗掉残留丙酮。电化学腐蚀时,红线插正极,黑线插负极,设置电压为 3V。红线端夹住夹有试件(观察面向下)的镊子,黑线端夹住镍块,同时伸入腐蚀液中持续约 20s,完成后用水冲洗。采用超景深显微镜观察(现象与化学腐蚀相似),结束后用酒精清洗(同化学腐蚀),装袋。

蠕变试验开始前,对叶片不同部位取样后标距段附件的余料及标准试样加工后标距段附近的余料开展原始微观组织分析,选取与试样解剖相同的横截面方向,结果如图 4.13 所示,与试样解剖垂直的纵截面方向如图 4.14 所示。从图 4.13 和图 4.14 看出,叶片不同部位微结构有一定的差异。采用 Image J 软件统计横截面强化相体积分数、尺寸、基体通道宽度,结果表明,不同部位的组织结构有一定的差异。

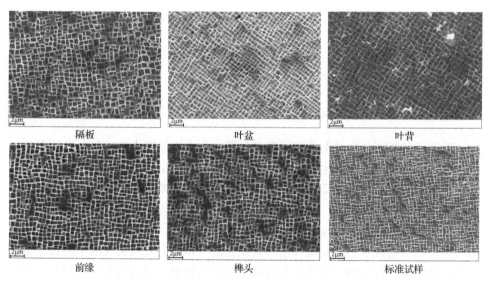

隔板   叶盆   叶背

前缘   榫头   标准试样

图 4.13 叶片原位取样不同部位及标准试样的原始微观组织(横截面)

表 4.5 为叶片不同部位和标准试样信息统计,所使用的统计手段均为利用MATLAB 软件接入编制的源程序进行自动统计,可统计基体通道宽度、强化相(γ'相)尺寸、γ'相面积分数等信息。

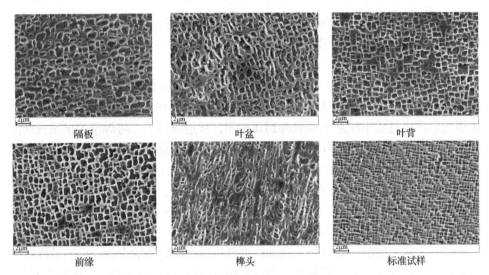

图 4.14　叶片原位取样不同部位及标准试样的原始微观组织(纵截面)

表 4.5　叶片不同部位和标准试样信息统计

名称	γ'相尺寸	γ'相面积分数/%	基体通道宽度/μm
叶背	0.522	56.41991	0.12413
隔板	0.508	58.18182	0.11090
前缘	0.500	61.75409	0.11965
叶盆	0.427	61.94225	0.091818
榫头	0.419	62.75100	0.074152
标准试样	0.409	65.42645	0.066940

虽然定向凝固合金基本消除了横向晶界，但由于晶粒生长过程会有所偏离，柱状晶界在微观上并非完全垂直，会有部分与应力轴呈倾斜角度或垂直。图 4.15 为[001]向试验件在 980℃/245MPa 下蠕变试验的宏观断口形貌图，施加应力方向如图 4.15(a)中的箭头所示。由图可知，断口及断口附近区域氧化较明显，断口表面起伏较大，试样存在明显的颈缩现象。在断口附近，如图 4.15(a)所示，在纵截面直接用扫描电镜观察可发现大量的裂纹，进一步研究发现裂纹的平均长度范围为 20～200μm。绝大部分裂纹正是起源于与应力轴基本垂直的倾斜晶界处，随后裂纹逐渐沿倾斜晶界扩展，可见局部倾斜或垂直的晶界仍是定向凝固合金 DZ125 的蠕变裂纹优先萌生的位置。该温度下蠕变期间，裂纹的萌生与扩展首先发生在晶界区域，DZ125 合金中晶界是蠕变强度的薄弱环节。图 4.15(b)、(c)、(d)是(a)的局部放大图。图 4.15(b)中 A 处可以看出，较大尺寸的裂纹是由多条小尺寸裂纹扩

展聚合形成的。结合图 4.15(b)、(c)可知，试样内部铸造缺陷或初始微裂纹在蠕变应力的作用下连接，形成较大的裂纹，并进一步扩展。边缘处附近的裂纹与边缘处裂纹进一步扩展、连接，进而引起颈缩、断裂。图 4.15(d)为断口附近典型微裂纹形貌，右侧深色区域为尺寸较大的共晶组织，表明大尺寸共晶处也是裂纹优先萌生的位置，在外载荷和热应力的交互作用下，逐渐沿垂直于拉伸应力轴的方向扩展或长大。尺寸较大的中间位置 A 为初始缺陷点，裂纹从该位置起始，该位置为共晶处性能薄弱区域，然后逐渐向尺寸较小的裂尖位置 B 扩展，扩展方向垂直于应力轴。由于裂纹尖端应力很大，裂纹继续扩展直至材料完全破坏。蠕变断裂模式均为韧性断裂，断口规律表现一致。蠕变期间，蠕变裂纹的萌生与扩展优先在晶界区域及较大共晶处发生，晶界和大尺寸共晶影响材料的蠕变强度。

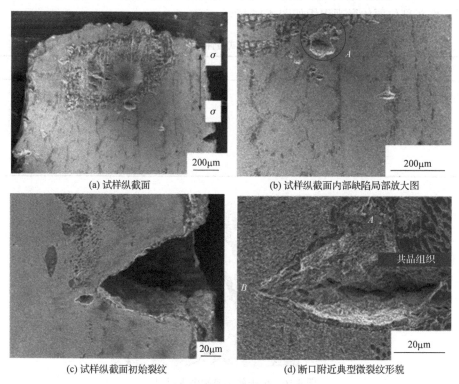

(a) 试样纵截面　　　　　　　　　　(b) 试样纵截面内部缺陷局部放大图

(c) 试样纵截面初始裂纹　　　　　　(d) 断口附近典型微裂纹形貌

图 4.15　断口纵截面图

由于铸造过程中凝固条件的影响，真实叶片不同部位的微观组织形貌必然存在差异，因此不同部位的抗蠕变性也存在差异，真实叶片取样抗蠕变性低于标准试样取样，说明微观组织形貌等差异会影响蠕变寿命，需要在叶片结构及寿命设计中予以考虑。研究表明，在定向凝固过程中，温度梯度受试样几何特征的影响，因此铸件本身不同部位微观结构存在一定差异。从而表现出强化相体积分数与位置的相关性。

4.3　叶片榫头原位取样厚度影响

4.3.1　叶片榫头原位取样情况

原材料均为真实叶片的榫头位置，叶片材料为定向凝固高温合金 DZ125 材料，基于 4.1 节的方案进行取样。在叶片切取了榫头部位的小工字试样件，分别制作 0.3mm、0.8mm、1.0mm、1.2mm 和 1.5mm 厚度的榫头试样件。

在 980℃温度、245MPa 应力下开展蠕变试验。蠕变试验件数量分配如表 4.6 所示。榫头部位原始微观组织如图 4.16 所示。

表 4.6　蠕变试验件数量分配

试样	厚度/mm	温度/℃	试验应力/MPa	有效数据数量
	0.3			2
	0.8			2
榫头	1.0	980	245	2
	1.2			2
	1.5			2

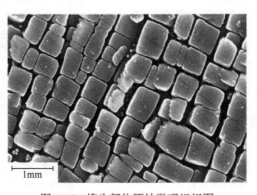

图 4.16　榫头部位原始微观组织图

4.3.2　叶片榫头原位取样不同厚度的试验结果

在 980℃温度、245MPa 应力条件下开展蠕变试验，试验过程如 4.1.3 小节所述，其统计结果如表 4.7 所示。采用平均蠕变寿命所得不同厚度试样的代表性曲线如图 4.17 所示。由试验结果可知，涡轮叶片榫头部位，在 980℃/245MPa 条件下，随着试样厚度的增加，平均蠕变寿命先增加后逐渐减小。

表 4.7　榫头不同厚度蠕变试验结果

厚度/mm	温度/℃	应力/MPa	蠕变寿命/h	应变/%
0.3	980	218	31.33	32.6
			22.94	32.2
0.8	980	245	44.94	35.5
			65.96	36.7
1.0	980	245	45.38	34.9
			41.71	33.3
1.2	980	245	38.91	32.4
			40.77	32.2
1.5	980	245	27.19	30.8
			32.49	31.8

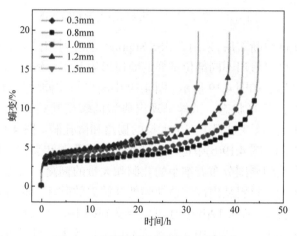

图 4.17　不同厚度试样的代表性曲线

分别将榫头部位的原始组织，以及榫头在 980℃条件下蠕变 5h、15h、25h 和断裂后的组织在扫描电镜下观测，得到蠕变过程中微观组织变化图，观测结果如图 4.18 所示。

从图 4.18 结果可知，蠕变 5h 后，组织由规则 γ/γ' 相的立方体转变为钝角的颗粒，位错塑性仅限于 γ 基体通道。当蠕变试验在 15h 内中断时，γ' 相的尺寸变大。相邻的 γ' 相有相互连接的趋势。蠕变 25h 后，γ' 相垂直于应力轴相互连接。垂直方向上 γ 基体通道较少，筏体结构正在形成。在蠕变 25h 时，γ' 相结合并连接。蠕变断裂后的微观组织图中，γ/γ' 微观结构形成筏状结构，无法观察到初始立方 γ' 相。γ 基体相中发生了位错，γ' 相沿[100]和[010]向向外扩展，形成片状筏形，即所谓的"N"形筏化。

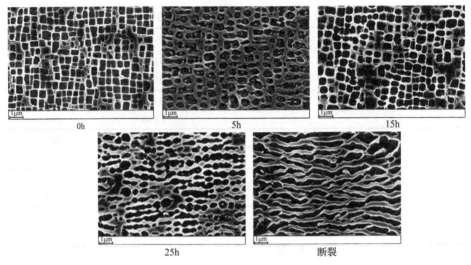

图 4.18　蠕变不同时间断口附近微观组织图

试样经蠕变试验断裂后,采用 ZEISS Supra55 场发射扫描电子显微镜(FESEM)观察断口形貌,可以看出不同部位试样的断口形貌基本一致, 因此可得典型蠕变试验的宏观断口形貌如图 4.19 所示。图 4.19 中断口与拉伸轴方向垂直,断面较为粗糙,表现为凹凸不平状态。试样呈现出典型的蠕变断裂特征,由断口整体形貌(图 4.19(a))可知, 蠕变过程中产生大量的韧窝和微孔洞。图 4.19(b)、(c)和(d)为图 4.19(a)的放大图, 图 4.19(b)中可以看到明显的微孔洞和裂纹,并且伴有少量四边形解理面。大孔洞周围分布着细小的孔洞和大量的韧窝,大孔洞是由微孔洞形核长大聚合形成的。材料从内部铸造缺陷处开始失效破坏,断口表面存在大量的韧窝、微孔洞及裂纹。图 4.19(b)(c)还可以观察到细小的孔隙和次生裂缝。断口表面的韧窝尺寸深浅不一,图 4.19(c)对韧窝部位进行放大,可以看出, 韧窝有一个中心,在此中心处韧窝高度相对较高且韧窝较小, 随蠕变进行, 韧窝沿中心向外扩展,沿该韧窝中心向四周扩散开的韧窝高度逐渐降低,当扩展至一定程度相邻韧窝区的韧窝相互聚集、连接。对比图 4.19(a)的左侧和右侧,最终断裂区域(右侧放大图见图 4.19(d))的形态更加不均匀, 为瞬断区, 在瞬断区可以看到台阶特征。在图 4.19(d)中可以看到断口图 4.19(a)右下角处较大的斜劈理面, 它类似于最终断裂处由于超载和裂纹快速扩展而产生的拉伸载荷的断口形貌。解理面的形成可能是解理裂纹沿解理面传播, 遇到变形孪晶, 微裂纹通过变形孪晶与基体之间的界面传播, 最终形成这种模式。可以看出, DZ125 合金的断口形态是由蠕变孔隙的形成、长大和融合而形成的,产生了微韧窝。孔隙和韧窝逐渐相互连接, 导致断裂。

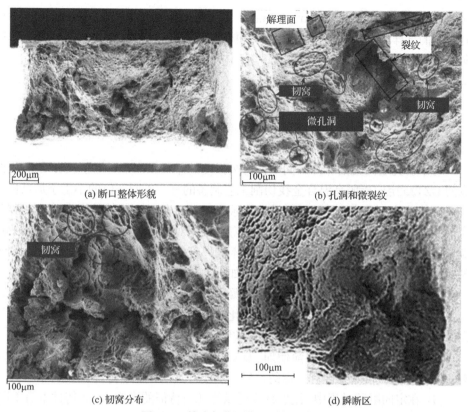

(a) 断口整体形貌　　　　　　　　　　(b) 孔洞和微裂纹

(c) 韧窝分布　　　　　　　　　　　(d) 瞬断区

图 4.19　榫头部位原位取样蠕变断口

图 4.20 为利用金相显微镜拍摄的不同厚度断口枝晶图, 图 4.20(a)~(e)依次

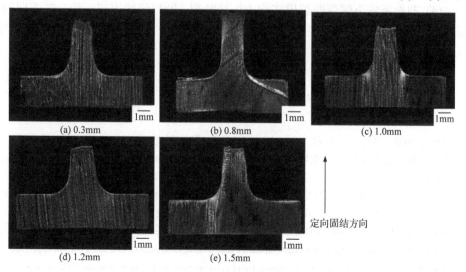

(a) 0.3mm　　　　　　　(b) 0.8mm　　　　　　　(c) 1.0mm

(d) 1.2mm　　　　　　　(e) 1.5mm

图 4.20　榫头部位不同厚度断口枝晶组织

对应 0.3mm、0.8mm、1.0mm、1.2mm、1.5mm 的厚度。由图 4.20 可以看出，所有厚度的试样均发生一定程度的颈缩。断口处的枝晶较为明显，一次枝晶沿着定向凝固生长的方向(纵向)竖直生长，有的枝晶可能与竖直方向呈一定的角度，二次枝晶垂直于一次枝晶的方向。

4.4　本章小结

为了研究定向凝固叶片不同部位持久强度的差异，本章研究了从真实叶片割取的 DZ125 定向凝固高温合金线切割工艺制备的五个不同部位的小工字形试样，开展拉伸试验，同时开展了不同部位及标准 DZ125 热处理试件的蠕变试验，并结合试件显微组织特征、破坏模式和蠕变寿命数据对比分析。为了研究取样厚度对蠕变寿命的影响，从叶片榫头位置解剖不同厚度的小试样，通过蠕变试验研究厚度对蠕变寿命的影响。得到的主要结论如下：

(1) 在 980℃/245MPa 条件下，定向凝固涡轮叶片不同部位的持久强度存在差异，表明涡轮叶片存在局部力学性能弱化，不同部位蠕变寿命规律一致，蠕变寿命由小到大依次是叶背、叶盆、前缘、隔板、榫头。

(2) 随应力减小，蠕变寿命增加。真实叶片原始材料不同部位的微观组织形貌有一定的差别，抗蠕变性有一定的差异，真实叶片取样低于标准试样取样。

(3) 在定向凝固过程中，温度梯度受试样几何特征的影响，因此铸件本身不同部位微观结构存在一定差异。从而表现出强化相尺寸与位置的相关性。强化相尺寸对材料的力学性能存在一定的影响。

(4) 两种条件下蠕变断裂模式均为韧性断裂，断口规律表现一致。蠕变期间，裂纹的萌生与扩展优先发生在晶界区域及较大共晶处，晶界和大尺寸共晶是蠕变强度的薄弱环节。

参 考 文 献

[1] 刘丽玉, 金向明, 陈俊, 等. 涡轴发动机燃气涡轮叶片断裂原因[J]. 机械工程材料, 2023, 47(12): 98-102.

[2] 范永升, 杨晓光, 王相平, 等. 涡轮叶片小尺寸试样取样及高温疲劳试验夹持方法[J]. 航空发动机, 2022, 48(2): 114-120.

[3] 陈宇杰, 党理, 张泽, 等. 第三代镍基单晶高温合金原位加温-拉伸的研究[J]. 电子显微学报, 2020, 39(3): 233-237.

[4] 董明洪, 党恒耀, 李慧, 等. 金属材料高温拉伸试验过程要点分析[J]. 理化检验(物理分册), 2018, 54(5): 326-328.

[5] Wen Z, Liu Y, Wang J, et al. Optical fiber sensor and assembly method for measuring the tensile strain of a nickel-based directionally solidified superalloy in a high-temperature environment[J]. Applied Optics, 2022, 61(26): 7579-7586.

[6] Wen Z X, Ai C S, Wang J D, et al. A novel extrinsic Fabry-Perot interferometric sensor for Inconel 718 tensile properties

measurement[J]. Measurement, 2021, 179: 109456.

[7] Wen Z X, Li F, Li M. Evaluation method of equivalent initial flaw size and fatigue life prediction of nickel-based single crystal superalloy[J]. Multidiscipline Modeling in Materials and Structures, 2023, 19(6): 1311-1338.

[8] Wen Z X, Zhang X H, Yue X W, et al. Monotonic tension behavior of 2D woven oxide/oxide ceramic matrix composites at ultra-high temperature[J]. Journal of the European Ceramic Society, 2021, 41: 3535-3546.

第5章 涡轮叶片不同服役时间剩余寿命评估

本章针对三种不同服役时间的涡轮导向叶片，设计专用的夹具对叶片上部和下部(叶盆、叶背、隔板、前缘)四个部位进行剖分制样，得到不同服役时间后真实叶片不同部位的剩余抗蠕变性，包括试验前不同部位基体相和强化相微观组织、蠕变过程微观结构变化规律，试验后断口类型，即断裂方式。

5.1 叶片原位取样规划及解剖方案

5.1.1 叶片原位取样规划

本章试验所用试样从不同服役时间的三个真实叶片上解剖，该真实叶片服役时间分别约为152h、357h、408h。叶片材料为镍基高温定向凝固合金DZ125。

选取三个不同服役时间的涡轮叶片，设计专用的夹具将叶片上部和下部(叶盆、叶背、隔板、前缘)四个部位切割，具体的切割位置如图5.1所示。将解剖后的叶片分别加工成小试样，加工流程与第4章保持一致，小试样的几何形状如图5.1所示。

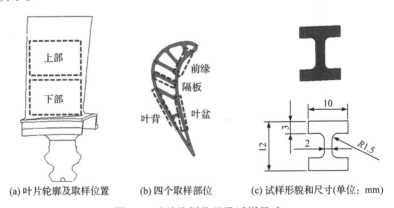

(a) 叶片轮廓及取样位置　　　(b) 四个取样部位　　　(c) 试样形貌和尺寸(单位: mm)

图5.1 叶片取样位置及试样尺寸

5.1.2 叶片原位取样解剖方案

对解剖后的小试样开展980℃/245MPa条件下的蠕变试验。蠕变试验条件如

表 5.1 所示。

表 5.1　蠕变试验安排

叶片服役时间	高度	取样部位	温度/℃	试验应力/MPa
152h	上部	叶盆 叶背 隔板 前缘	980	245
	下部	叶盆 叶背 隔板 前缘	980	245
357h	上部	叶盆 叶背 隔板 前缘	980	245
	下部	叶盆 叶背 隔板 前缘	980	245
408h	上部	叶盆 叶背 隔板 前缘	980	245
	下部	叶盆 叶背 隔板 前缘	980	245

微观组织观测：叶身约 0%、30%、70%、100%高度处，三个不同时期的四个不同部位(各 12 个，共 48 处)。对于三个不同服役时间的涡轮叶片，叶片从榫头底部开始计算尺寸，总高度约 73mm，从叶片榫头与叶身连接处算，总高度为 42.5～45mm，高度左右不一致。起始水平面为榫头最上端面，即以叶片根部为起

始水平面, 高度记为 0mm, 分别从叶身不同高度处横截面(0%、30%、70%、100%)的相应四个部位取样进行微观组织观测, 如图 5.2 所示。三个不同服役时间的叶片分别命名为服役时间-1、服役时间-2 和服役时间-3, 选取部位和切割后的横截面如图 5.2 所示。

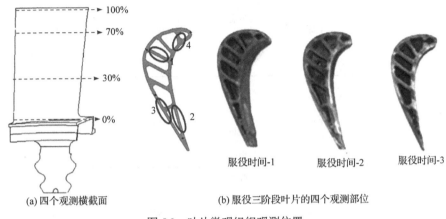

(a) 四个观测横截面　　　　　　　(b) 服役三阶段叶片的四个观测部位

图 5.2　叶片微观组织观测位置

5.2　不同服役时间叶片原位取样剩余蠕变寿命试验结果

5.2.1　蠕变试验结果

表 5.2 为 980℃/245MPa 条件蠕变试验前后小试样的原始形貌及蠕变断裂后形貌图。服役三阶段四种不同部位的试样蠕变结果如表 5.3 和表 5.4 所示, 所有试验采用同一试验机, 同一个实验员操作, 以保证试验的统一性。根据试验数据绘制三个阶段不同部位蠕变-时间曲线, 图 5.3 为已服役叶片上部服役 152h、357h、408h 蠕变试验曲线, 图 5.4 为已服役叶片下部服役 152h、357h、408h 蠕变试验曲线。

表 5.2　980℃/245MPa 条件蠕变试验前后试样图

取样部位	类型	断裂前				断裂后			
		试样 1	试样 2	试样 3	试样 4	试样 1	试样 2	试样 3	试样 4
上部	服役时间-1								
	服役时间-2								

取样部位	类型	断裂前				断裂后			
		试样 1	试样 2	试样 3	试样 4	试样 1	试样 2	试样 3	试样 4
上部	服役时间-3								
下部	服役时间-1								
	服役时间-2								
	服役时间-3								

表 5.3　叶身上部三阶段不同部位剩余蠕变寿命(980℃/245MPa)　　(单位：h)

服役时间/h	隔板	叶盆	叶背	前缘
152	72.71	36.49	47.31	50.64
357	24.23	18.83	29.74	5.45
408	15.82	8.18	15.24	5.50

表 5.4　叶身下部三阶段不同部位剩余蠕变寿命(980℃/245MPa)　　(单位：h)

服役时间/h	隔板	叶盆	叶背	前缘
152	32.39	60.79	66.23	61.82
357	28.42	23.96	36.45	32.36
408	21.89	19.46	24.05	17.61

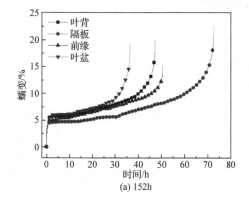

(a) 152h

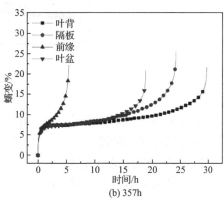

(b) 357h

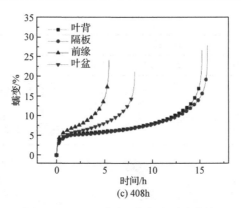

图 5.3　已服役叶片上部蠕变试验曲线

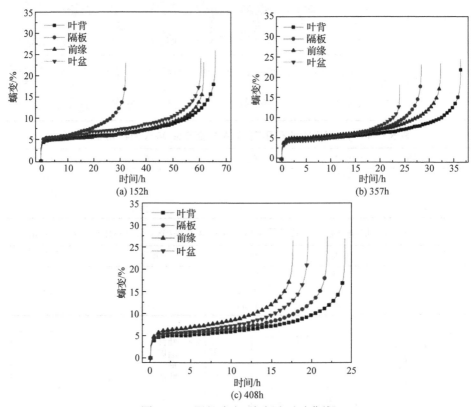

图 5.4　已服役叶片下部蠕变试验曲线

　　图 5.3 和图 5.4 分别为三阶段叶片上部和下部不同部位蠕变试验曲线，可以明显地看到蠕变三阶段。第一、三阶段时间较短，第二阶段(稳态蠕变阶段)持续时间较长。随服役时间的增加，叶片不同部位剩余蠕变寿命逐渐减小。为了更直观分析三阶段四个不同部位剩余蠕变寿命变化情况，将试验结果绘制成剩余蠕变寿

命折线图，如图 5.5 和图 5.6 所示。

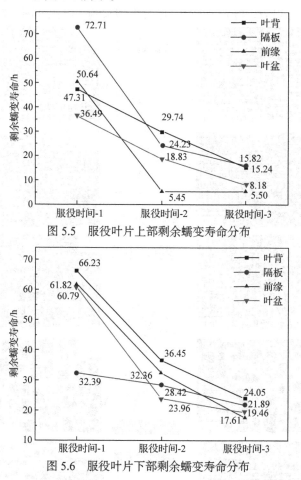

图 5.5　服役叶片上部剩余蠕变寿命分布

图 5.6　服役叶片下部剩余蠕变寿命分布

从图 5.6 可知，随服役时间的增加(服役时间-1～服役时间-3)，叶片不同部位剩余蠕变寿命逐渐减小。叶片上下部不同部位之间剩余蠕变寿命不同，原因是上部分与下部分服役过程中经历的温度载荷有很大的差别。对于叶片上部，前缘服役时间-2/服役时间-3 阶段剩余蠕变寿命最小，说明服役过程前缘经受更高的温度(载荷)，而隔板和叶背剩余蠕变寿命较长，说明这两个部位相对于其他部位损伤小。对于叶片下部，整体来看三个阶段不同部位剩余蠕变寿命差别不大，说明叶片下部服役过程中温度载荷相对叶片上部服役温度载荷低。不同服役阶段相同部位的剩余蠕变寿命是不同的。相同零件在不同使用阶段的剩余蠕变寿命是不同的。

5.2.2　不同服役时间叶片不同部位微观组织

在叶片高度方向 0%、30%、70%、100%处，分别选中 4 个不同部位处开展微

结构观测，选中的部位为 3 个阶段每个截面 4 个部位，共 12 处。四个截面共 48
处，分别为隔板、叶盆、叶背、前缘。微观组织观测的结果如图 5.7～图 5.10 所示。

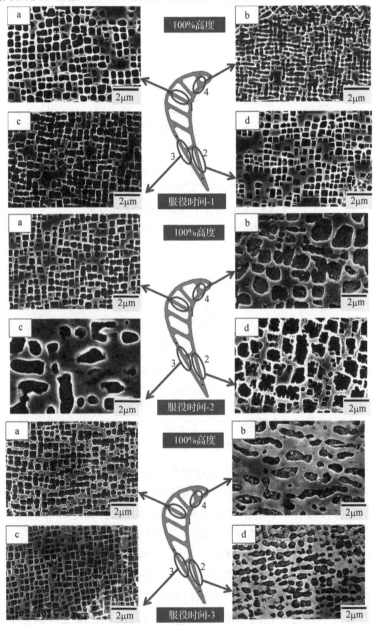

图 5.7　100%高度叶片不同位置微观组织演化

a-不同服役时间叶片部位 1 的微观组织；b-不同服役时间叶片部位 4 的微观组织；c-不同服役时间叶片部位 3 的
微观组织；d-不同服役时间叶片部位 2 的微观组织

　　针对三种不同服役时间($t_{服役时间-1}=152\text{h}$，$t_{服役时间-2}=357\text{h}$，$t_{服役时间-3}=408\text{h}$)的叶片。分别从叶身不同高度(0%、30%、70%、100%)处横截面的相应四个部位取样进行微观组织观测。研究的目的是利用从服役涡轮叶片中取样的小片样品，系统地分析由微结构退化引起的服役涡轮叶片的力学性能变化。采用扫描电子显微镜(SEM)对试样的微观结构退化和断裂行为进行了表征。同时，从叶身上部和下部区域四个不同部位(前缘、叶盆、叶背、隔板)取样，进行 980℃/227MPa 条件的蠕变试验。

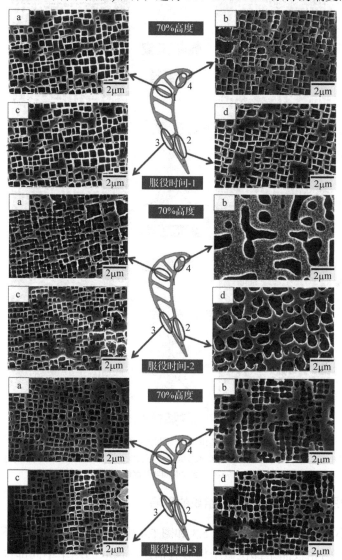

图 5.8　70%高度叶片不同位置微观组织演化

a-不同服役时间叶片部位 1 的微观组织；b-不同服役时间叶片部位 4 的微观组织；c-不同服役时间叶片部位 3 的微观组织；d-不同服役时间叶片部位 2 的微观组织

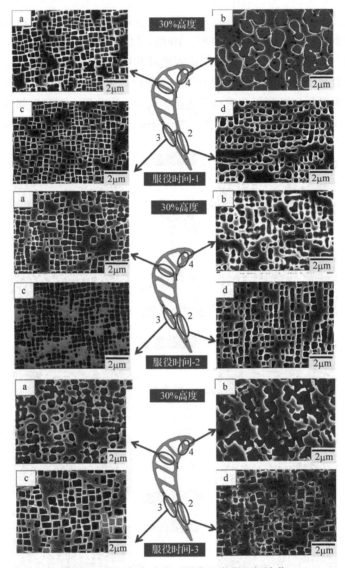

图 5.9　30%高度叶片不同位置微观组织演化
a-不同服役时间叶片部位 1 的微观组织；b-不同服役时间叶片部位 4 的微观组织；c-不同服役时间叶片部位 3 的
微观组织；d-不同服役时间叶片部位 2 的微观组织

5.2.3　不同服役时间对叶片微观组织的影响

5.2.2 小节分别给出了对应图 5.3 和图 5.4 中三种不同服役时间下涡轮叶片选取的部位γ/γ′两相枝晶干部位微结构形貌描述。选取的四个不同部位沿不同高度(0%、30%、70%、100%)，对于前缘(部位 4)，除 0%截面以外，30%、70%、100%高度截面的γ′相显微组织发生了剧烈的变化。与其他部位比较，γ′相粗化和立方度

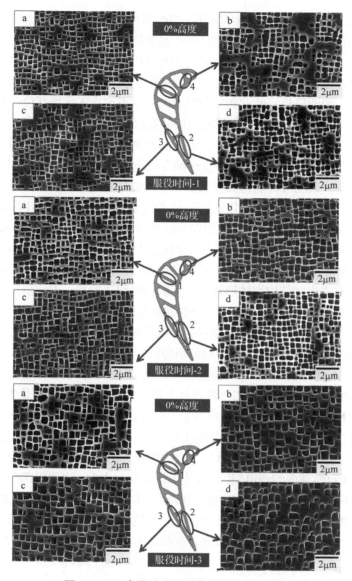

图 5.10　0%高度叶片不同位置微观组织演化

a-不同服役时间叶片部位 1 的微观组织；b-不同服役时间叶片部位 4 的微观组织；c-不同服役时间叶片部位 3 的
微观组织；4-不同服役时间叶片部位 2 的微观组织

下降明显，转变成类球状形态，甚至相互连接，形成不规则迷宫形状。其中，30%、70%高度截面前缘退化最显著，呈粗大的球状形态和大尺寸迷宫状连接。对于叶盆(部位 2)，服役时间-1 阶段 70%、100%高度处立方γ′相仍以共格方式嵌镶在γ基体中；30%高度处强化相发生粗化，并有少量相互连接；0%高度处粗化和立方度下降明显，转变成类球状形态。服役时间-2 阶段 70%、100%高度处立方γ′相尺寸大幅度增加,并且发生溶解、相互连接,70%高度γ′相溶解连接成球状,100%高度γ′相溶解连接成粗大的立方状。说明在叶盆部位,70%高度处的温度和应力大于100%高度。对于隔板(部位 1)所有时期和叶身四个不同高度处的析出相均无明显变化,近立方体γ′相尺寸略微增加。叶背(部位 3)析出相变化与隔板相似,但尺寸略高于隔板。说明隔板、叶背和叶盆服役时期的温度小于前缘部位,且隔板服役时期承受温度最低,前缘部位服役时经历高温时间最长。在叶身根部,即 0%高度截面处,三个不同服役阶段四个不同部位析出相形貌呈立方状,无明显退化,仅尺寸轻微增加,立方状的边角由平直逐渐变得圆滑,发生钝化,仅有少量的γ′相立方度有所下降。说明叶片底部温度最低,中间部位温度最高,中间段蠕变退化最大,中间段和顶部段的晶间退化比底部段更明显。对于服役时间-1 阶段,除 30%高度的前缘(部位 4)析出相尺寸增加较多球化较明显外,其余服役时间-1 阶段不同部位的微观组织变化不明显,γ′相尺寸仅有少量增加。对于服役时间-2 阶段,除 0%高度和隔板、叶背部位以外,其余高度不同部位强化相已沿水平或垂直方向相互连接,形成串状结构类球形状。对于服役时间-3 阶段,退化更加明显,相同部位高度处的尺寸和粗化程度均大于服役时间-1 和服役时间-2 阶段,该阶段损伤程度最大。说明叶片相同部位退化程度随服役时间的大量增加而增加。

不同截面高度三个阶段叶片γ′相体积分数的变化如图 5.11 所示。通过观察可见,除部位 4 变化剧烈以外,其他截面的三个部位γ′相体积分数变化趋势大体相同;叶片随服役时间增加,γ′相体积分数不是一直增高或降低,而是先增加到一定程度,γ′相体积分数逐步降低,最终在服役时间-3 阶段γ′相体积分数降至最低(低于服役时间-1 阶段);部位 4 经历的温度比其他部位更高,工况起伏比其他部位大。

不同服役阶段涡轮叶片γ′相体积分数的变化如图 5.12 所示。在所有条件下,叶片根部,即 0%截面的γ′相体积分数均保持在 60%左右,表明根部截面在使用过程中温度相对较低。叶尖截面(100%高度)γ′相体积分数变化较大。除 0%截面外,30%、70%和 100%高度截面部分的前缘出现了较大的下降,最小值低于 40%。此外,还有一个急剧下降的γ′相体积分数在叶盆 100%高度处,如图 5.12 所示。

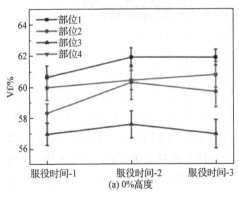

(a) 0%高度

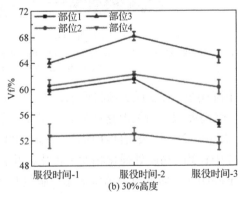

(b) 30%高度

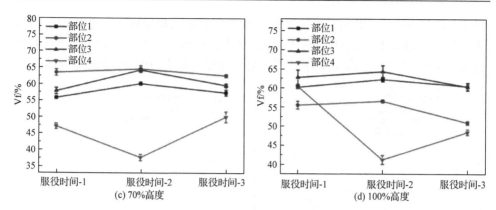

图 5.11　不同截面高度三个阶段γ′相体积分数变化图

Vf-γ′相体积分数

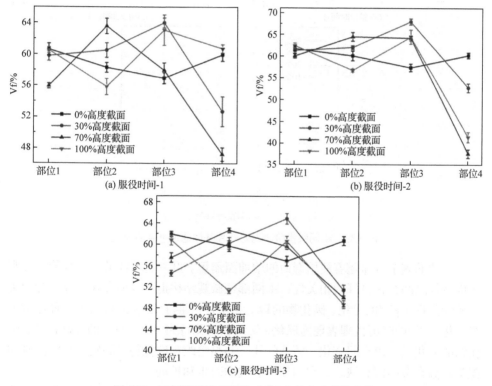

图 5.12　不同服役阶段涡轮叶片γ′相体积分数的变化

不同服役时间后叶片不同部位基体通道宽度 D 如图 5.13 所示。叶片在服役过程中,叶身下部服役温度和应力变化不大且温度应力相对较低。在 100%高度截面处前缘部位 4 服役期间经历较长时间的高温。30%和 100%高度处部位 4 的γ相(基体)通道宽度与其他部位差距明显,表明该截面经受的载荷工况与其他截面差距较大，初步估计该截面承受较高的温度。不同高度γ相通道宽度变化对比可知，部位 2 的γ相通道宽度变化比部位 1 和部位 3 大，但小于 4 部位。对于叶身四个部位前缘部位和三个不同阶段 100%高度截面处承受较高温度，0%高度截面温度最低。

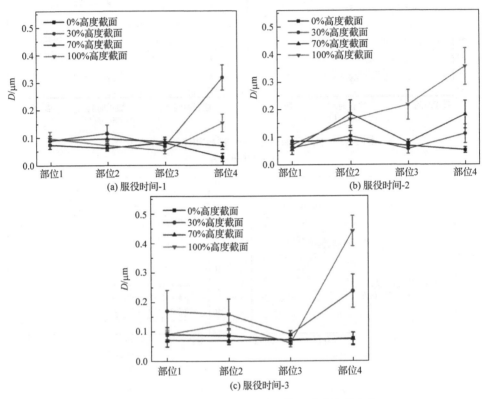

图 5.13　不同服役阶段涡轮叶片基体通道宽度的变化

　　叶片的剩余寿命随着使用寿命的增加而缩短。叶片各截面的力学性能与微观结构特征之间存在良好的相关性，不同部位微观结构退化方面存在差异。叶片尖端前缘出现了γ′相的退化、碳化物的转变和拓扑密堆(TCP)相的析出等多种显微组织变化。γ′相的降解机理表现为球化、聚结和粗化行为。由于复杂的冷却模式，碳化物的演化呈现出空间变化。铸造气孔、共晶组织和碳化物是涡轮叶片定向凝固镍基高温合金的固有缺陷，它们促进裂纹的萌生和扩展。

　　试样的剩余蠕变寿命与γ相通道宽度和γ′相体积分数的关系如图 5.14 所示。从图中可见，剩余蠕变寿命受到γ相通道宽度和γ′相体积分数的共同影响。顶部箭头指示的点为最佳点。此点对应于最大残余蠕变寿命。因此，该点对应了原始叶片的最佳尺寸和γ′相体积分数。γ相通道宽度和γ′相体积分数过高或过低都会缩短剩余蠕变寿命。根据三维图 5.14，可以通过测量γ相通道宽度和γ′相体积分数来预测叶片的剩余蠕变寿命。通过测量大修时微观结构的定量特性，可以确定在役涡轮机的剩余蠕变寿命。

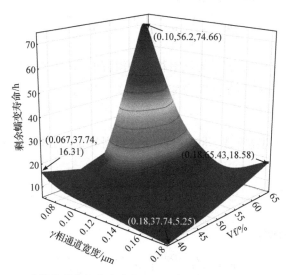

图 5.14　试样的剩余蠕变寿命与γ相通道宽度和γ'相体积分数的关系

5.3　叶片不同服役时间下的剩余寿命评估

5.3.1　理论模型

在泰勒晶体滑移模型的研究基础上，Hill 和 Rice 完成了晶体塑性变形的运动学和几何分析[1-3]。Asaro[4,5]和 Peirce 等[6,7]对晶体本构行为进行了较为全面的讨论。蠕变剪应变率 $\dot{\gamma}$ 为

$$\dot{\gamma} = A(\tau_{dr})^n \tag{5.1}$$

式中，A、n 为与温度相关的蠕变参数，由蠕变第二阶段曲线斜率决定，具体的计算方法将在后面章节介绍；τ_{dr} 为滑移系开动的驱动力(driving force)：

$$\tau_{dr} = \tau - \tau_{res} \tag{5.2}$$

式中，τ_{res} 为蠕变阻力(resistance force)，是镍基单晶合金的γ/γ'两相微结构的强化机理导致的。γ'相与γ相的晶格常数差异造成了两相的错配度，产生错配应力场，蠕变过程中位错由基体γ相运动至γ'相受阻，阻碍了单晶的蠕变变形(当 $T>900℃$ 时，由于单晶合金迅速筏化等，τ_{res} 近似为 0，即 $\tau_{dr}=\tau$)。τ 为滑移系 α 的分切应力：

$$\tau = \sigma : P^{(\alpha)} \tag{5.3}$$

式中，σ 为晶轴系下的应力张量；$P^{(\alpha)}$ 为取向因子，可表示为

$$P^{(\alpha)} = \frac{1}{2}\left(m^{(\alpha)}n^{(\alpha)^{\mathrm{T}}} + n^{(\alpha)}m^{(\alpha)^{\mathrm{T}}}\right) \tag{5.4}$$

式中，$m^{(\alpha)}$ 为滑移方向；$n^{(\alpha)}$ 为该滑移系中滑移面的单位法向量。将宏观应变率 $\dot{\varepsilon}$ 分解为弹性应变率 $\dot{\varepsilon}^{\mathrm{e}}$ 和非弹性应变率 $\dot{\varepsilon}^{\mathrm{c}}$ 两类，则有

$$\dot{\varepsilon} = \dot{\varepsilon}^{\mathrm{e}} + \dot{\varepsilon}^{\mathrm{c}} \tag{5.5}$$

弹性应变率 $\dot{\varepsilon}^{\mathrm{e}}$ 遵循胡克定律，非弹性部分 $\dot{\varepsilon}^{\mathrm{c}}$ 由滑移系的分切应变率乘以取向因子得出，即

$$\dot{\varepsilon}^{\mathrm{c}}_{ij} = \sum_{\alpha=1}^{N} \dot{\gamma}\ P^{(\alpha)} \tag{5.6}$$

将蠕变应变分解：

$$\left(\varepsilon_{ij}\right)_{\mathrm{c}} = \left(\varepsilon_{ij}\right)_{\mathrm{c}}^{\mathrm{Oct1}} + \left(\varepsilon_{ij}\right)_{\mathrm{c}}^{\mathrm{Oct2}} + \left(\varepsilon_{ij}\right)_{\mathrm{c}}^{\mathrm{Cub}} \tag{5.7}$$

式中，等号右边三项分别对应的是八面体滑移系、十二面体滑移系和六面体滑移系的蠕变应变，若其中某滑移系不开动，则对应的项取零。

假设宏观应变率中的弹性部分 $\dot{\varepsilon}^{\mathrm{e}}$ 与非弹性部分 $\dot{\varepsilon}^{\mathrm{c}}$ 不会相互影响，则蠕变变形带来的应力变化率 $\dot{\sigma}$ 为

$$\dot{\sigma} = C : \dot{\varepsilon} \tag{5.8}$$

式中，C 为各向异性弹性矩阵，表达式见式(5.9)：

$$C = \begin{bmatrix} C_{11} & C_{12} & C_{12} & 0 & 0 & 0 \\ C_{12} & C_{11} & C_{12} & 0 & 0 & 0 \\ C_{12} & C_{12} & C_{11} & 0 & 0 & 0 \\ 0 & 0 & 0 & C_{44} & 0 & 0 \\ 0 & 0 & 0 & 0 & C_{44} & 0 \\ 0 & 0 & 0 & 0 & 0 & C_{44} \end{bmatrix} \tag{5.9}$$

对于镍基单晶材料，C_{11}、C_{22} 和 C_{44} 为三个独立的弹性常数，与 E、μ、G 密切相关。由于单晶材料为各向异性材料，弹性矩阵仅适用于[001]晶轴系，当有限元模型分析所用的坐标系不同于[001]晶轴系时，如果计算所用的坐标系不同于晶轴系，则 C 要进行坐标转换，此时的弹性矩阵为

$$C^{XYZ} = TCT^{\mathrm{T}} \tag{5.10}$$

式中，

$$\boldsymbol{T} = \begin{bmatrix} l_1^2 & m_1^2 & n_1^2 & 2l_1m_1 & 2l_1n_1 & 2m_1n_1 \\ l_2^2 & m_2^2 & n_2^2 & 2l_2m_2 & 2l_2n_2 & 2m_2n_2 \\ l_3^2 & m_3^2 & n_3^2 & 2l_3m_3 & 2l_3n_3 & 2m_3n_3 \\ l_1l_2 & m_1m_2 & n_1n_2 & l_1m_2+l_2m_1 & l_1n_2+l_2n_1 & m_1n_2+m_2n_1 \\ l_1l_3 & m_1m_3 & n_1n_3 & l_1m_3+l_3m_1 & l_1n_3+l_3n_1 & m_1n_3+m_3n_1 \\ l_2l_3 & m_2m_3 & n_2n_3 & l_2m_3+l_3m_2 & l_2n_3+l_3n_2 & m_2n_3+m_2n_2 \end{bmatrix}$$

单晶高温合金在蠕变稳态阶段，位错在基体相中运动，须克服位错阻力和其他障碍产生的阻力，反映了不同强化机制的叠加效应[8]。蠕变阻力由奥罗万应力及位错阻力组成：

$$\tau_{\mathrm{res}} = \tau_{\mathrm{or}} + \tau_{\mathrm{net}} \tag{5.11}$$

式中，τ_{or} 为奥罗万应力，其分解到各滑移面后的力为 $\tau_{\mathrm{or}}^{(\alpha)}$。Kakehi 等提出计算 $\tau_{\mathrm{or}}^{(\alpha)}$ 的公式[9-11]：

$$\tau_{\mathrm{or}}^{(\alpha)} = \lambda \frac{Gb}{\kappa} \tag{5.12}$$

式中，κ 为基体通道当前宽度；G 为剪切模量；b 为伯格斯矢量的模；λ 为材料常数。

基于蠕变试验和 Kamaraj 等[12]的研究可知，基体通道宽度与蠕变时间大致呈抛物线关系：

$$\lambda_{\gamma} = \lambda_{\lambda}^0 + \kappa\sqrt{t} \tag{5.13}$$

式中，λ_{γ}^0 为初始基体通道宽度；κ 为常数，取值范围一般为 0.01～0.02，当模型中存在应力梯度时，可以近似为 0.015，单位为 $\mathrm{s}^{-1/2}$；t 为蠕变时间。

除 $\tau_{\mathrm{or}}^{(\alpha)}$ 外，基体相中位错网产生的阻力 $\tau_{\mathrm{net}}^{(\alpha)}$ 也阻碍了蠕变变形[13]。文献[14]研究了包括镍基单晶在内的高温材料的 $\tau_{\mathrm{net}}^{(\alpha)}$：

$$\tau_{\mathrm{net}}^{(\alpha)} = c_2 Gb\sqrt{\rho_{110}^{(\alpha)}} \tag{5.14}$$

式中，c_2 为常量，$c_2 = a_{\gamma}/\sqrt{2}$，$a_{\gamma}$ 为基体相的晶格常数；$\rho_{110}^{(\alpha)}$ 为 γ 基体相中 $a/2\langle 110\rangle$ 的位错密度，其演化规律为

$$\dot{\rho}_{110}^{(\alpha)} = (k_1\sqrt{\rho_{110}^{(\alpha)}} - k_2\rho_{110}^{(\alpha)})\left|\dot{\gamma}_{\mathrm{M}}^{(\alpha)}\right| \tag{5.15}$$

式中，k_1 为位错应力硬化的材料常数，取 2×10^9；k_2 为位错回复的材料常数，取 25。

单晶材料在某一温度下发生长时蠕变断裂和短时拉伸破坏取决于施加应力与屈服应力的关系，当超过屈服应力时，单晶的强化相被剪切，材料被瞬时拉断。屈服应力在滑移面上的分应力，称为临界分切应力 $\tau_{\mathrm{c}}^{(\alpha)}$ [15-17]，$\tau_{\mathrm{dr}}^{(\alpha)}$ 为蠕变阻力在滑

移面上的分应力。

(1) 当 $\tau_{\mathrm{dr}}^{(\alpha)} \leqslant 0$ 时，蠕变驱动力小于位错进入基体相的临界值，基体内并无滑移变形，此时 $\dot{\gamma}^{(\alpha)} = 0$

(2) 当 $0 < \tau_{\mathrm{dr}}^{(\alpha)} < \tau_{\mathrm{c}}^{(\alpha)}$ 时，材料处于蠕变变形状态，基于 Kachanov 和 Ravbotnov 等提出的损伤模型基础上，考虑了初始损伤、初始损伤率及蠕变过程损伤率的变化：

$$\dot{\gamma}^{(\alpha)} = \dot{\gamma}_0^{(\alpha)} \left(\frac{1}{1 - \omega^{(\alpha)}} \right)^n \tag{5.16}$$

$$\dot{\omega}^{(\alpha)} = \dot{\omega}_0^{(\alpha)} \left| \frac{\tau_{\mathrm{dr}}^{(\alpha)}}{\beta \tau_{\mathrm{c}}} \right|^{\chi} \left| \frac{\dot{\gamma}^{(\alpha)}}{\dot{\gamma}_0^{(\alpha)}} \right|^{\phi} \tag{5.17}$$

式中，χ 和 ϕ 为与温度相关的参数；β 为常数，取 2.5；ω 为材料的损伤，$\omega = 0$ 意味着原始材料的损伤，$\omega = 1$ 意味着材料断裂时的损伤；$\dot{\gamma}_0^{(\alpha)}$ 和 $\dot{\omega}_0^{(\alpha)}$ 分别为初始应变率和初始损伤率，其中 $\dot{\gamma}_0^{(\alpha)}$ 是温度和应力的函数，则有

$$\dot{\gamma}_0^{(\alpha)} = A \cdot \exp(-Q/RT) \cdot (\tau_{\mathrm{dr}}^{(\alpha)})^n \tag{5.18}$$

式中，T 为热力学温度；R 为气体常数；Q 为激活能。

(3) 当 $\tau_{\mathrm{dr}}^{(\alpha)} \geqslant \tau_{\mathrm{c}}^{(\alpha)}$ 时，即外部荷载大于等于材料屈服强度，材料在极短时间会被瞬时拉断，此时位错扩展方式由滑移攀移机制变为直接切割强化相，蠕变本构与损伤方程不再适用。

将式(5.17)从 0~1 积分，则有

$$t_{\mathrm{f}} = \frac{1}{\displaystyle\sum_{\alpha=1}^{N} \dot{\omega}_0 \left| \frac{\tau_{\mathrm{dr}}^{(\alpha)}}{\beta \tau_{\mathrm{c}}^{(\alpha)}} \right|^{\chi} (1 + n \cdot \phi)} \tag{5.19}$$

式中，t_{f} 为蠕变寿命；N 为某滑移系下的滑移面开动方向的个数，八面体滑移系族 (Oct1，$\{111\}\langle 110\rangle$ 滑移系族)与十二面体滑移系族(Oct2，$\{111\}\langle 112\rangle$ 滑移系族)的 $N=12$，六面体滑移系族(Cub，$\{100\}\langle 110\rangle$ 滑移系族)的 $N=6$，根据式(5.19)可求得断裂时间。

基于晶体塑性理论，分解到各滑移面上的分切应力 $\dot{\gamma}_0^{(\alpha)}$ 与宏观应力 σ 之间的关系可用 Schmid 公式表示：

$$\tau = S_{\mathrm{f}}\sigma \tag{5.20}$$

式中，S_{f} 为 Schmid 系数(因子)，具体数值见表 5.5。根据材料在该温度下的拉伸曲线中的屈服应力 $\sigma_{0.2}$ 与 Schmid 系数(因子)，可以求得每个取向下某滑移系的临界分切应力 τ_{c}。

表 5.5　三个特殊取向滑移系的 Schmid 系数(因子)

取向	八面体{111}〈110〉		十二面体{111}〈112〉		六面体{100}〈110〉	
	数量	S_f	数量	S_f	数量	S_f
[001]	8	0.4082	4	0.4714	6	0.0000
	4	0.0000	8	0.2357	—	—
[011]	4	0.4082	2	0.4714	4	0.3536
	8	0.0000	4	0.2357	2	0.0000
	—	—	6	0.0000		
[111]	6	0.2722	3	0.3143	3	0.4714
	6	0.0000	6	0.1571	3	0.0000
	—	—	3	0.0000	—	—

同样地，三个滑移系的分切应变 γ 和宏观轴向应变 ε 两者间的变换关系为

$$\varepsilon = \overline{S_f} \cdot \gamma \tag{5.21}$$

式中，$\overline{S_f}$ 为变换系数，详见表 5.6。

表 5.6　三个特殊取向的 $\overline{S_f}$

取向	{111}〈110〉	{111}〈112〉	{100}〈110〉
[001]	$8/\sqrt{6}$	$8/3\sqrt{2}$	0
[011]	$4/\sqrt{6}$	$4/3\sqrt{2}$	$\sqrt{2}$
[111]	$4/\sqrt{6}$	$4/3\sqrt{2}$	$\sqrt{2}$

由三种取向蠕变机理研究可知，[001]取向的开动滑移系以八面体滑移系为主，[111]取向的开动滑移系以八面体和六面体滑移系为主，而[011]取向下八面体滑移系与六面体滑移系同时开动。

5.3.2　理论预测结果

对于服役后的涡轮叶片，通过测量 γ 相通道宽度，可以根据式(5.17)得到初始损伤 ω。因此，在蠕变模型中插入 ω，即可得到涡轮叶片的剩余蠕变寿命。为验证上述剩余蠕变寿命计算模型，选取 152h 服役叶片进行有限元仿真。剩余蠕变寿命的试验和模拟结果如图 5.15 所示。这些结果在误差范围的 2 倍之内。该方法可用于预测涡轮叶片在使用期间的剩余蠕变寿命。

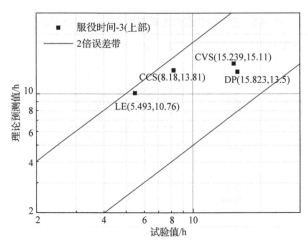

图 5.15　剩余蠕变寿命试验值与理论预测值的对比
CVS-叶背；CCS-隔板；DP-叶盆；LE-前缘

5.4　本　章　小　结

叶片的剩余蠕变寿命随着使用寿命的增加而减小。叶片各截面的力学性能与微观结构特征之间存在良好的相关性，不同部位微观结构退化方面存在差异。

基于镍基高温合金的强化机理和临界面概念，提出了组织退化与残余 LCF 寿命之间的定量关系。

叶片尖端前缘出现了γ′相的退化、碳化物的转变和 TCP 相的析出等多种显微组织变化。γ′相的降解机理表现为球化、聚结和粗化行为。由于复杂的冷却模式，碳化物的演化呈现出空间变化。

铸造气孔、共晶组织和碳化物是透平叶片定向凝固(DS)镍基高温合金的固有缺陷，它们促进裂纹的萌生和扩展。

参 考 文 献

[1] Hill R. Generalized constitutive relations for incremental deformation of metal crystals by multislip[J]. Journal of the Mechanics and Physics of Solids, 1966, 14: 95-110.

[2] Hill R, Rice J R. Constitutive analysis of elastic-plastic crystal at arbitrary strain[J]. Journal of the Mechanics and Physics of Solids, 1972, 20: 401-415.

[3] Rice J R. Inelastic constitutive relations for solids: An internal-variable theory and its application to metal plasticity[J]. Journal of the Mechanics and Physics of Solids, 1971, 19: 433-455.

[4] Asaro R J. Crystal plasticity[J]. Journal of Applied Fluid Mechanics, 1983, 50(4b): 921-934.

[5] Asaro R J. Micromechanics of crystals and polycrystals[J]. Advances in Applied Mechanics, 1983, 23: 1-115.

[6] Peirce D, Asaro R J, Needleman A. An analysis of non-uniform and localized deformation in ductile single crystal[J]. Acta Metallurgica Sinica, 1982, 30: 1087-1119.

[7] Peirce D, Asaro R J, Needleman A. Material rate dependence and localized deformation in crystalline solids[J]. Acta Metallurgica Sinica, 1983, 31: 1951-1976.

[8] Carry C, Strudel J L. Apparent and effective creep parameters in single-crystals of a nickel-base superalloy-I. Incubation period[J]. Acta Metallurgica Sinica, 1977, 25(7): 767-777.

[9] Kakehi K. Influence of precipitate size and crystallographic orientation on strength of a single crystal Ni-base superalloy[J]. Materials Transactions, 1999, 40: 159-167.

[10] Tinga T, Brekelmans W A M, Geers M G D. Cube slip and non-Schmid effects in single crystal Ni-base superalloys[J]. Modelling and Simulation in Materials Science and Engineering, 2010, 18: 015005.

[11] Yuan C, Guo J T, Yang H C, et al. Deformation mechanism for high temperature creep of a directionally solidified nickel-base superalloy[J]. Scripta Materialia, 1998, 39: 991-997.

[12] Kamaraj M, Serin K, Kolbe M, et al. Influence of stress state on the kinetics of γ-channel widening during high temperature and low stress creep of the single crystal superalloy CMSX-4[J]. Materials Science and Engineering: A, 2001, 319-321: 796-799.

[13] Shi N, Wilner B, Arsenault R J. An FEM study of the plastic deformation process of whisker reinforced SiC/Al composites[J]. Acta Metallurgica Sinica, 1992, 40(11): 2841-2854.

[14] Leverant G R, Kear B H, Oblak J M. Creep of precipitation-hardened nickel-base alloy single crystals at high temperatures[J]. Metallurgical Transactions, 1973, 4(1): 355-362.

[15] Wang J D, Liu T Y, Yang L K, et al. Stress redistribution and stress triaxiality effect on the fatigue life of notched Ni-based single crystal superalloy at 760℃[J]. Theoretical and Applied Fracture Mechanics, 2024, 131: 104380.

[16] Wang J D, Yang L K, Lian Y D, et al. The low-cycle fatigue behavior and an entropy-based life prediction model for nickel-based single crystal superalloy across an extensive temperature range[J]. Engineering Fracture Mechanics, 2024, 301: 110022.

[17] Wang J D, Yang L K, Lu H, et al. Research on low cycle fatigue damage and macroscopic anisotropic constitutive model of Ni-based single crystal superalloy at different temperatures[J]. International Journal of Fatigue, 2023, 177: 107918.

第6章　叶片排故中的小试样方法

6.1　背　景

　　高温合金材料性能大多由单独铸造而成的试样试验得到，尚未开展高压涡轮叶片割取的试样性能差别的研究，但对这种差别的研究具有特别重要的意义。航空发动机涡轮冷却叶片在铸造成型后，要进行吹砂、腐蚀检验、热处理、渗铝等复杂的表面处理工序，极易形成附加铸造质量缺陷，包括表面粗糙、微观组织不均匀(枝晶偏析、再结晶、合金贫化)、铸造缺陷(脆性 TCP 相夹杂、碳化物、微孔穴)等[1-4]，同时涡轮叶片内壁面无法通过机械加工来提高表面质量，这些均会导致单晶涡轮叶片疲劳及蠕变损伤机理更为复杂。因为铸造工艺、铸件的尺寸与形状等不同，力学响应可能会有差别。

　　材料蠕变断裂失效是高温环境下工作的发动机热端部件发生失效的主要形式之一，相关设计规范均规定高温构件必须基于材料的长期持久强度。国内外对镍基高温合金的蠕变断裂分析已经做了大量的试验研究[5-9]，它们都是基于标准试样来评估构件断裂性能的。受到高压涡轮叶片尺寸的限制，不能直接进行传统的标准棒状试样的取样，但实际涡轮叶片中铸造缺陷或者孔洞的存在会引起其周围应力集中和应力再分配效应，基于材料级标准试样得出的材料性能数据进行寿命估算而不考虑铸造工艺造成的影响，可能会给出超过叶片材料真实持久强度的数据，设计出来的涡轮叶片将存在安全隐患[10,11]。因此，迫切需要有更加准确的评估方法或者试验测试方式来真实地评估整个涡轮叶片的力学性能，对于涡轮冷却叶片的设计及排故具有重要意义。

　　本章以小试样方法在某发动机动力涡轮一级工作叶片排故中的应用为例，介绍叶片排故中的小试样方法。针对不同铸造批次的叶片，在统一测试标准下开展叶片割取小试样的持久寿命试验研究，给涡轮叶片的故障排除和设计研制提供基础数据和技术支持。

6.2　叶片取样情况

6.2.1　试验件规划

　　本章所用的试验件为 K480 合金制备的某动力涡轮一级工作叶片，研究多种不同的铸造工艺：A、B、C、D、E、F、G、H 等工艺对其性能的影响规律，叶片试验件规划如表 6.1 所示。

表 6.1　试验件规划

组号	编号	铸造工艺	浇铸温度/℃	取样部位
1#	16-2-112	A	1470	I、II
	16-2-114			I、II、III
	16-2-115			I
2#	16-2-130	A	1490	I、II、III
	16-1-9			II、III
	16-2-128			I、III
3#	16-2-89	C	1470	I、II、III
	16-2-88			I、II、III
	16-2-90			I、II、III
4#	16-2-97	D	1470	I、II、III
	16-2-101			I、II、III
	16-2-100			I、II、III
5#	17-1-74	A	1480	I、II、III
	17-1-82			I、II、III
	17-1-110			I、II、III
6#	16-1-1	F	1480	I、II
	16-1-3			I、II、III
7#	16-2-1	A	1460	I、II、III
	16-2-9		1480	I、II、III
	16-2-33		1500	I、II、III
8#	16-2-131	B	1490	I、II、III
	16-1-14	E		I、II、III
10#	16-1-7	E	1470	I、II、III
	16-2-123			I、II、III
11#	16-2-61	F	1500	I、II、III
	16-2-60			I、II、III
	16-2-26	A	/	I、II、III

组号	编号	铸造工艺	浇铸温度/℃	取样部位
12#	A₁	A	1480	Ⅰ、Ⅱ、Ⅲ
	B₁			Ⅰ、Ⅱ、Ⅲ
	C₁			Ⅱ、Ⅲ
	D₁			Ⅰ、Ⅱ、Ⅲ
13#	16-2-68	G	1470	Ⅰ、Ⅱ、Ⅲ
	16-2-71			Ⅰ、Ⅱ、Ⅲ
	16-2-70	H		Ⅰ、Ⅱ、Ⅲ

注：9#试验失败，故未列出，表6.2同。

6.2.2 微型持久试验件设计及取样位置

由于国内尚无微型持久试验件的试验标准，借鉴德国鲁尔大学材料研究所 Eggeler 教授发明的小试样测试技术，开展小试样设计加工及试验[12]。叶片小样本切割技术是为了获得叶片结构的蠕变特性而发明的。结果表明，在蠕变变形为 0.2%后，小试样的蠕变结果与标准试样的蠕变结果吻合较好。

根据叶片的曲率及几何尺寸等具体情况，直接从叶片上割取小试样，小试样的形状采用双犬骨试样形式，标距段内圆弧过渡。微型蠕变试样的小试样尺寸如图 6.1 所示。微型小试样在钼丝线切割机上取样，为保持试样的一致性，所有试样均在同一台机器上加工。

选取 12 个批次的 K480 叶片，在叶身上截取工字形小试样，每片叶片上截取 1~3 件工字形小试样进行蠕变试验。在叶片取样时，将叶片固定后，设置原点坐标，记录在该坐标系下叶片取样时小试样的精确位置，小试样取样位置示意图如图 6.2 所示，沿叶身从上到下进行取样，取样部位Ⅰ、Ⅱ、Ⅲ分别表示靠近叶冠、叶身中部和靠近榫头的试样。

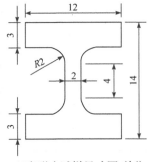

图 6.1 工字形小试样尺寸图(单位：mm)

图 6.2 工字形小试样取样位置示意图

6.2.3　小试样取样夹具设计及取样

由于线切割机的精确定位及切割试样均需要保持切割面是水平的，但是叶片本身带有一定弧度，为了有效固定带有弧度的叶片在线切割机上进行加工，本章针对此种情况设计了一款可旋转叶片角度的取样夹具，如图 6.3 所示。这种取样夹具的设计主要考虑以下几个关键因素：

(1) 适配性：取样夹具能够根据叶片的曲率进行调整和旋转，以确保试样与切割机刀具之间的紧密接触。这样可以防止试样在加工过程中发生移动或变形，从而保证切割的精度和质量。

(2) 夹持力和稳定性：取样夹具必须能够提供足够的夹持力来牢固固定试样，以抵抗切割过程中产生的力和振动。同时，取样夹具本身也必须具备足够的稳定性，以确保在加工过程中不发生松动或变形。

(3) 调节和控制机制：取样夹具应具备可调节和控制角度的机制，以便根据不同的弧度要求进行调整。该取样夹具的设计采用螺纹螺旋机构等机制，以确保取样夹具能够在需要时准确地旋转到所需的角度。此外，取样夹具还具备锁定机制，以固定取样夹具在选择的角度上，防止意外旋转或移动。

图 6.3　取样夹具实物图

设计取样夹具后，采用线切割完成小试样的取样，对于同一个部位的试样，依次取样完成后，再进行下一部位的取样，尽可能减少或避免取样造成的试验数据分散性。为了减少试验误差，对所有小试样夹持端和切割面进行了磨平，保留其铸造面。

6.3　叶片排故试验及分析

针对 K480 合金，开展叶片在故障截面的持久寿命试验研究。分别对不同铸造工艺条件下生产的 K480 叶片进行割取小试样的高温持久试验，试验条件均为 835℃、400MPa，持久蠕变试验采用高温电子持久蠕变试验机，采用 DOII 控制器，MCT 型力学传感器，海德黑光栅引伸计，参考《金属高温拉伸蠕变试验方法》(HB 5151-96)，如图 6.4 所示，蠕变变形采用专用耐高温金属片固定在拉杆的部位，将应变测量仪与金属片连接，可实时记录试验过程中试样的变形，测定高压涡轮叶片取样后小试样的持久抗蠕变性。试验结束后，对试验件断口进行超声波清洗，采用扫描电镜(SEM)对试件断口形貌进行观测。试验后，用三维超景深光学显微镜和蔡司场发射电子扫描显微镜，观察试样断口、晶粒度(晶粒尺寸)、显微组织，并进行相应的元素分析。

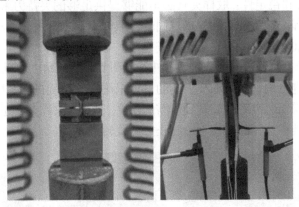

图 6.4　试样和引伸计安装图

6.3.1　小试样预变形分析

采用如图 6.5 所示的全场应变测量系统对小试样的变形分布进行了分析。结果表明，如图 6.6 所示，小试样的主要变形分布在标距段内，与有限元仿真结果一致(图 6.7)。图 6.8 为拉伸断裂后的实物图，试样断裂位置位于标距段内。

图 6.5　全场应变测量系统图

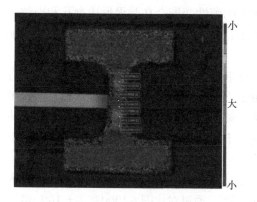

图 6.6　小试样变形预分析结果

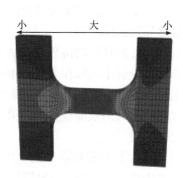

图 6.7　有限元仿真计算最大分切应变云图

图 6.8　小试样拉伸断裂后实物图

6.3.2　持久试验结果

通过试验获取了 K480 合金叶片故障截面的持久寿命。不同铸造工艺和浇铸温度下的持久寿命有较大差异。试样的持久过程可以分为三个阶段，其典型持久蠕变曲线如图 6.9 所示。第一阶段变形速率随时间而下降；第二阶段是稳态阶段，此时，变形引起的加工硬化、回复和再结晶同时进行，材料不再进一步硬化，变

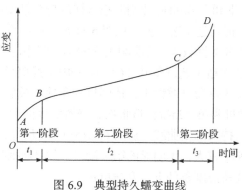

图 6.9　典型持久蠕变曲线

形速率基本保持不变；第三阶段越来越多的塑性变形会在晶界形成微孔和裂纹，试样开始产生颈缩，其实际受力面积减小，实际承受应力增大，塑性变形速率加快，最终导致试样断裂。

根据各批次叶片的持久试验结果，选取部分试验数据的持久蠕变曲线进行分析。本小节分析小试样在 835℃/400MPa 下的持久蠕变曲线，从持久蠕变曲线可以看出，不同批次试样所表现出来的持久蠕变曲线趋势相似，大部分持久蠕变曲线形式均与指数函数曲线类似，第三阶段不明显，第一阶段和第二阶段在图中都有一定的表现。

图 6.10 为第 1#批和第 2#批叶片割取小试样的持久蠕变曲线，两个批次叶片的固溶炉批和铸造工艺均相同，浇铸温度相差 20℃。通过对比图 6.10(a)和图 6.10(b)可以看出，各叶片小试样持久蠕变曲线的第二阶段持续时间较长，没有明显的第三阶段，各阶段变形速率接近，持久寿命(简称"寿命")分散性较大；从图 6.10(b)中可以看出三个叶片的平均持久寿命有所提高，各叶片之间寿命的差距减小，表明浇铸温度的提高对材料内部组织结构的稳定性有一定影响。

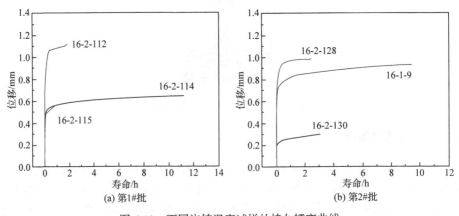

图 6.10　不同浇铸温度试样的持久蠕变曲线

图 6.11 为第 3#批和第 4#批叶片割取小试样的持久蠕变曲线，此两个批次叶片的浇铸温度相同，但铸造工艺不同。从图 6.11(a)中可以看出，采用工艺 C 制备的叶片(第 3#批)寿命分散性较大，不同叶片的持久位移相差约 2 倍；从图 6.11(b)中可以看出，采用 D 铸造工艺制备叶片(第 4#批)因未经服役，三个叶片的变形速率及位移均接近，持久寿命分散性小，达到目标考核时长后手动停止试验。

图 6.12 为第 5#批和第 12#批铸造批次，浇铸温度同为 1480℃条件下未经服役叶片割取小试样的持久蠕变曲线。从图 6.12(a)中可以看出，小试样持久蠕变曲线的第二阶段变形速率较大，无明显的第三阶段。第 12#批与第 5#批相比，在相同铸造工艺、相同浇铸温度条件下，寿命更长。

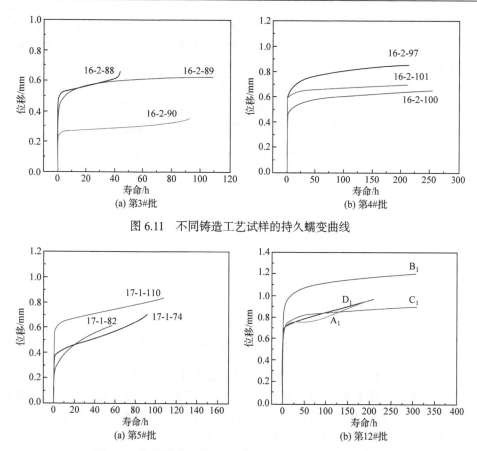

图 6.11　不同铸造工艺试样的持久蠕变曲线

图 6.12　相同铸造工艺、未服役叶片试样的持久蠕变曲线

图 6.13 为第 6#批和第 7#批的持久蠕变曲线。从图 6.13(a) 中可以看出，该批次铸造叶片割取小试样的持久蠕变曲线第二阶段很平缓，第三阶段不明显，持久

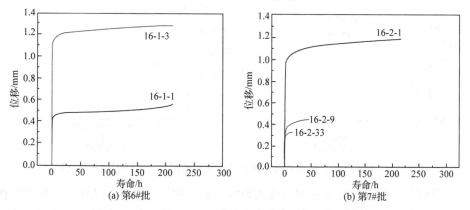

图 6.13　不同铸造工艺及冷却方式下试样的持久蠕变曲线

性能较佳，可见铸造工艺对持久寿命的影响非常大。从图 6.13(b)中可以看出，三个叶片的第一和第二阶段的持久变形速率相近，叶片持久寿命随浇铸温度的升高呈降低趋势，可见浇铸温度对 K480 合金的组织稳定性、持久性能等具有较大的影响。

图 6.14 为第 8#批条件下小试样的持久蠕变曲线。通过对比图 6.10(b)第 2#批与第 8#批叶片小试样的持久寿命发现，在不同铸造工艺、相同浇铸温度条件下，三种冷却方式条件下，不同取样部位的持久寿命分散性均比较大。

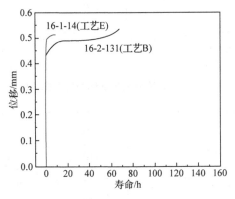

图 6.14 第 8#批小试样的持久蠕变曲线

图 6.15 为不同铸造工艺和不同浇铸温度条件制备叶片割取小试样的持久蠕变曲线。通过对比图 6.15(a)中第 11#批三个叶片的持久寿命发现，在相同浇铸温度条件下，工艺 F 制备叶片的寿命更长，平均寿命为 38.6h，工艺 A 制备叶片平均寿命为 25.2h。图 6.15(b)中工艺 A(1500℃)制备叶片的平均寿命为 18.7h，与图 6.15(a)中相同工艺制备叶片的持久寿命接近。

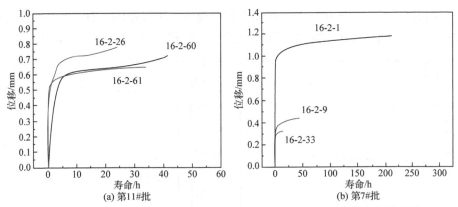

图 6.15 不同铸造工艺和不同浇铸温度制备叶片割取小试样的持久蠕变曲线

材料持久性能差异受很多因素的影响，如试样尺寸误差，试样加工切割过程中造成的损伤，试验机产生的误差及持久过程中的高温氧化作用等。从损伤角度分析，材料持久性能的差异主要归因于试样的铸造工艺，在试样加工过程中，试样的表面损伤及微孔洞状缺陷造成试样有效承载面积减小，进而导致在第二阶段后期出现瞬断。对比各组铸造工艺不同的试样，其持久性能的差异有很大一部分原因是铸造工艺不同产生的缺陷，另一部分原因主要是浇铸温度、冷却速度的不同影响了材料内部组织结构的稳定性。

6.3.3　延伸率及断面收缩率

工字形试样经持久试验结束断裂后，采用三维超景深显微镜对其分别进行延伸率和断面收缩率测试。延伸率的测试方法为将断裂后的小试样重新组合在一起，测量 3～4 次两个夹持段之间的距离，取平均值，如图 6.16 所示。

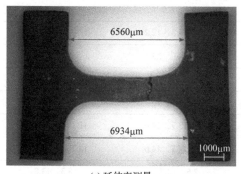

(a) 延伸率测量

(b) 断面收缩率测量

图 6.16　延伸率、断面收缩率测量方法

试样在受到拉伸时，长度和横截面积都会发生变化。因此，金属的塑性可以用长度的伸长(延伸率)和断面的收缩(断面收缩率)两个指标来衡量。

试样拉伸断裂后标距段的残余伸长量与原始标距段长度之比的百分率称为断后延伸率，简称延伸率。延伸率计算公式如下：

$$\delta_5 = \frac{\Delta L}{L_0} \times 100\% \tag{6.1}$$

式中，δ_5 为延伸率；L_0 为试样原始标距段长度；ΔL 为标距段的残余伸长量。

试样受拉力断裂时断面横截面积缩小，拉断后颈缩处横截面积的最大缩减量与原始横截面积 A_0 之比为断面收缩率(用 ψ 表示)。断面收缩率计算公式如下：

$$\psi = \frac{A_0 - A_1}{A_0} \times 100\% \tag{6.2}$$

式中，A_1 为试样拉断后颈缩处的横截面积。

从表 6.2 中可推出，持久寿命越久，金属材料的延伸率和断面收缩率越大，材料的塑性越好，即材料能承受较大的塑性变形而不被破坏。

表 6.2　小工字形试样的延伸率及断面收缩率统计表

组号	编号	取样部位	延伸率/%	断面收缩率/%
1#	16-2-112	Ⅰ、Ⅱ	2.0、0.3	1.3、1.0
	16-2-114	Ⅰ、Ⅱ、Ⅲ	0.2、5.1、0.5	0.8、4.2、0.2
	16-2-115	Ⅰ	0.4	1.0
2#	16-2-130	Ⅰ、Ⅱ、Ⅲ	2.3、1.9、3.5	1.6、1.21、1.9
	16-1-9	Ⅱ、Ⅲ	6.3、6.9	4.6、4.0
	16-2-128	Ⅰ、Ⅲ	9.1、8.5	6.3、4.6
3#	16-2-89	Ⅰ、Ⅱ、Ⅲ	12.6、14.3、12.2	13.0、14.8、13.2
	16-2-88	Ⅰ、Ⅱ、Ⅲ	5.3、7.4、2.3	5.7、8.5、7.0
	16-2-90	Ⅰ、Ⅱ、Ⅲ	9.2、12.4、5.8	18.4、13.9、8.5
4#	16-2-97	Ⅰ、Ⅱ、Ⅲ	11.5、14.5、10.7	10.3、13.2、12.1
	16-2-101	Ⅰ、Ⅱ、Ⅲ	12.6、13.7、14.0	11.1、13.4、14.3
	16-2-100	Ⅰ、Ⅱ、Ⅲ	14.4、14.7、14.6	13.7、11.9、14.6
5#	17-1-74	Ⅰ、Ⅱ	7.6、12.7	8.3、13.8
	17-1-82	Ⅰ、Ⅱ、Ⅲ	5.9、13.4、14.7	4.6、13.5、13.3
	17-1-110	Ⅰ、Ⅱ、Ⅲ	11.6、13.6、13.1	12.6、13.5、12.6
6#	16-1-1	Ⅰ、Ⅱ	12.6、13.45	13.8、12.8
	16-1-3	Ⅰ、Ⅱ、Ⅲ	12.8、13.3、10.3	13.5、12.4、14.4
7#	16-2-1	Ⅰ、Ⅱ、Ⅲ	14.6、12.0、12.2	13.3、13.0、13.2
	16-2-9	Ⅰ、Ⅱ、Ⅲ	3.5、3.8、7.2	3.6、4.3、4.1
	16-2-33	Ⅰ、Ⅱ、Ⅲ	4.7、2.7、2.8	3.7、1.2、1.4
8#	16-2-131	Ⅰ、Ⅱ、Ⅲ	3.6、4.4、3.2	3.0、3.2、2.1
	16-1-14	Ⅰ、Ⅱ、Ⅲ	8.2、4.3、6.2	8.2、2.0、2.6
10#	16-1-7	Ⅰ、Ⅱ、Ⅲ	5.3、8.5、5.6	3.0、7.0、1.6
	16-2-123	Ⅰ、Ⅱ、Ⅲ	8.6、6.3、5.5	5.1、3.3、4.1
11#	16-2-26	Ⅰ、Ⅱ、Ⅲ	4.0、7.8、4.1	3.3、2.2、1.3
	16-2-60	Ⅰ、Ⅱ、Ⅲ	7.2、15.3、4.0	3.5、14.3、3.2
	16-2-61	Ⅰ、Ⅱ、Ⅲ	6.8、6.3、6.1	8.4、7.6、8.9

续表

组号	编号	取样部位	延伸率/%	断面收缩率/%
12#	A_1	Ⅰ、Ⅱ、Ⅲ	21.8、10、12.5	14.1、7.8、4.0
	B_1	Ⅰ、Ⅱ、Ⅲ	6.2、12.4、6.7	8.2、11.9、10.0
	C_1	Ⅱ、Ⅲ	16.3、8.9	15.4、11.7
	D_1	Ⅰ、Ⅱ、Ⅲ	11.0、11.4、6.3	14.4、13.4、5.2
13#	16-2-68	Ⅰ、Ⅱ、Ⅲ	4.6、7.2、9.0	3.3、6.8、6.1
	16-2-70	Ⅰ、Ⅱ、Ⅲ	6.0、7.6、4.6	4.7、6.1、3.2
	16-2-71	Ⅰ、Ⅱ、Ⅲ	7.2、6.2、8.7	9.6、10.2、9.7

不同浇铸温度对 K480 合金在 835℃/400MPa 条件下持久性能(延伸率、断面收缩率)的影响规律如图 6.17 所示。从图 6.17 中可以看出，在固溶炉坯、铸造工艺均相同的条件下，随浇铸温度的升高，小试样的延伸率(δ_5)和断面收缩率(ψ)呈现逐渐减小的趋势。

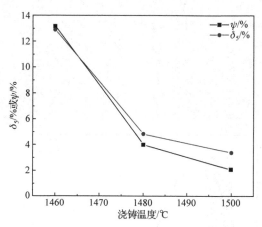

图 6.17　不同浇铸温度对合金 835℃/400MPa 持久性能的影响

6.3.4　晶粒度

铸造工艺和浇铸温度的不同会对试样原始的晶粒尺寸产生影响，进而影响该试样的持久性能，为此分别从不同批次的原始叶片上切取小试样开展晶粒尺寸对持久性能的研究。本小节介绍在 VHX-2000 超景深三维显微镜下拍摄了 8 个批次的晶粒形貌图。

根据霍尔-佩奇(Hall-Petch)关系表达式：

$$\sigma = \sigma_0 + kd^{-1/2} \tag{6.3}$$

式中，σ 为材料的抗拉强度；σ_0 为作用在位错上的摩擦力；k 为常数；d 为材料的晶粒直径。

当所有变形条件相同而只有晶粒尺寸不同时，位错滑移是其主要变形机制。在 900℃以下的服役工况下，晶粒直径越小，单位面积内的晶界数量越多，则位错运动的阻力越大，破坏材料所需的能量越高，材料的持久性能就越好，持久寿命越长[13,14]。

图 6.18 为浇铸温度 1500℃，工艺 A 制备叶片割取小试样的晶粒形貌图、晶粒度分布曲线，由图中数据可以得到晶粒尺寸平均值为 237.55μm，且从该铸造叶片经服役 93h 后的显微组织(持久试验前 SEM)能看到较大的微孔洞和 MC 碳化物，可能是上述原因使其持久寿命相对较低，为 18.7h。

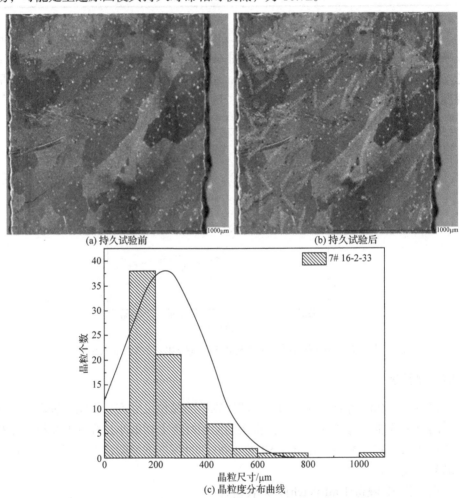

(a) 持久试验前　　　　　　　　　　　　　(b) 持久试验后

(c) 晶粒度分布曲线

图 6.18　工艺 A(1500℃)试样晶粒形貌图、晶粒度分布曲线

当浇铸温度由 1500℃下降到 1490℃(图 6.19)，工艺 A 叶片割取小试样的晶粒尺寸平均值为 196.97μm，且该铸造叶片经服役 93h 后的显微组织(持久试验前 SEM)可以看到明显的矩形孔洞，可能是上述原因使其持久寿命相对较低，为 11.15h。

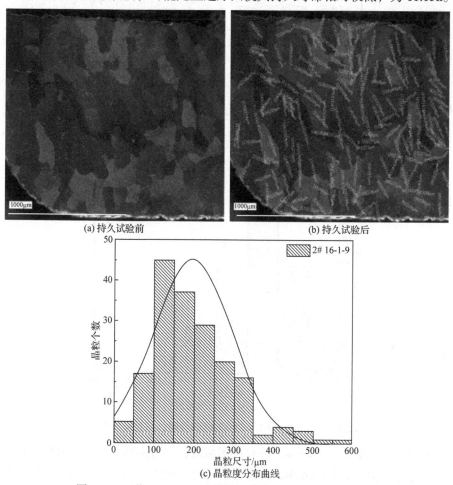

(a) 持久试验前　　　　　　　　　　　　(b) 持久试验后

(c) 晶粒度分布曲线

图 6.19　工艺 A(1490℃)试样晶粒形貌图、晶粒度分布曲线

当浇铸温度由 1490℃下降到 1480℃(图 6.20)，工艺 A 制备叶片割取小试样的晶粒尺寸平均值为 140.56μm，单位面积内晶粒数目增多，且该铸造叶片未经服役，其原始显微组织(持久试验前 SEM)晶界附近 MC 碳化物以小颗粒状分布，因 MC 碳化物尺寸较小，持久拉伸期间与之相连基体位移小，碳化物受力也较小，在碳化物上产生裂纹所需的能量就高，可能是上述原因使其持久寿命显著提升，为 157.87h。

在工艺 A 条件下，随着浇铸温度递增(1480℃→1490℃→1500℃)，晶粒直径显著增大(140.56μm→196.97μm→237.55μm)，这是因为浇铸温度较高时，合金冷

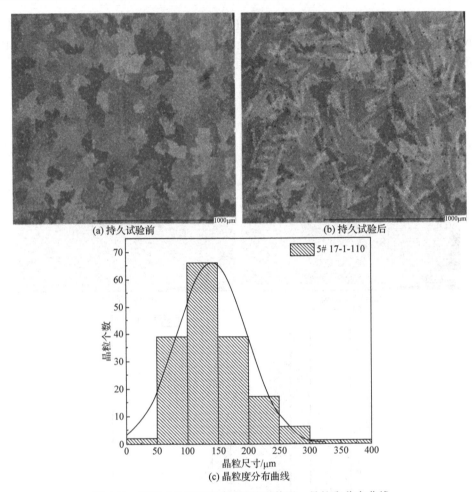

(a) 持久试验前　　　　　　　　　　　(b) 持久试验后

(c) 晶粒度分布曲线

图 6.20　工艺 A(1480℃)试样晶粒形貌图、晶粒度分布曲线

却凝固向外界发散的热量较多，冷却速率减缓，一方面增加晶核与液体的接触时间，加速晶体生长；另一方面，降低形核过冷度增大了晶核临界尺寸，使成核更不稳定。因此，浇铸温度较高时，晶粒尺寸更大。

图 6.21 为浇铸温度 1480℃，工艺 F 制备叶片割取小试样的晶粒形貌图、晶粒度分布曲线，由图中可以得到晶粒尺寸平均值为 346.53μm。从该铸造叶片经服役 93h 后的显微组织(持久试验前 SEM)能看到填砂造型制备叶片的组织较为均匀，析出的 MC 碳化物数量较少，可能是上述原因使其持久寿命相对较长，为 212.33h。

图 6.22 为浇铸温度 1480℃，工艺 A 制备的未服役叶片割取小试样的晶粒形貌图、晶粒度分布曲线，由图中可以得到晶粒尺寸平均值为 229.52μm，其持久寿命为 248.57h，相对较高。

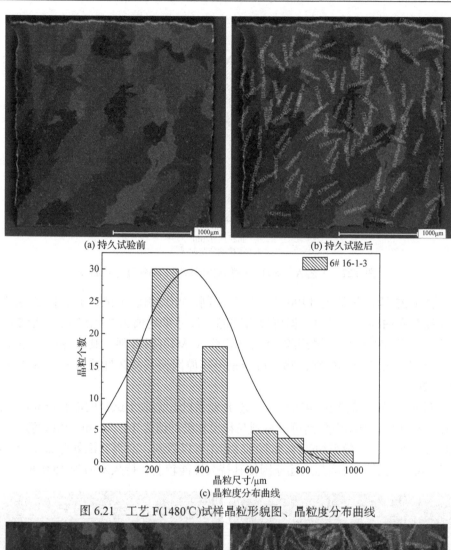

(a) 持久试验前　　　　　　　　　　　　　　(b) 持久试验后

(c) 晶粒度分布曲线

图 6.21　工艺 F(1480℃)试样晶粒形貌图、晶粒度分布曲线

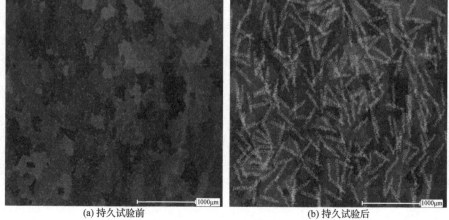

(a) 持久试验前　　　　　　　　　　　　　　(b) 持久试验后

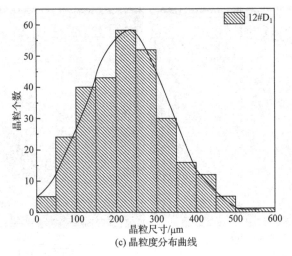

(c) 晶粒度分布曲线

图 6.22 工艺 A(1480℃)试样晶粒形貌图、晶粒度分布曲线

图 6.23 为浇铸温度 1490℃，工艺 B 制备叶片割取小试样的晶粒形貌图、晶粒度分布曲线，由图中数据可以得到晶粒尺寸平均值为 284.12μm。从该铸造叶片经服役 93h 后的显微组织(持久试验前 SEM)可以看到，其晶界内、晶界交汇处分布着大量的 MC 碳化物，可能是上述原因使其持久性能较差，持久寿命为 38.2h。

图 6.24 为浇铸温度 1470℃，工艺 E 制备叶片割取小试样的晶粒形貌图、晶粒度分布曲线，由图中数据可以得到晶粒尺寸平均值为 147.86μm。从该铸造叶片经服役 93h 后的显微组织(持久试验前 SEM)可以看到，晶界交汇处分布着较大尺寸的 MC 碳化物，可能是上述原因使其持久性能较差，持久寿命为 15.07h。

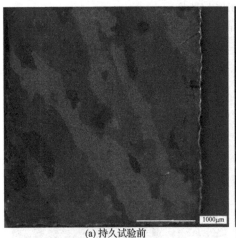

(a) 持久试验前　　　　　　　　　　　　　　(b) 持久试验后

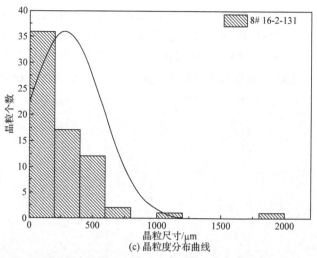

(c) 晶粒度分布曲线

图 6.23　工艺 B(1490℃)试样晶粒形貌图、晶粒度分布曲线

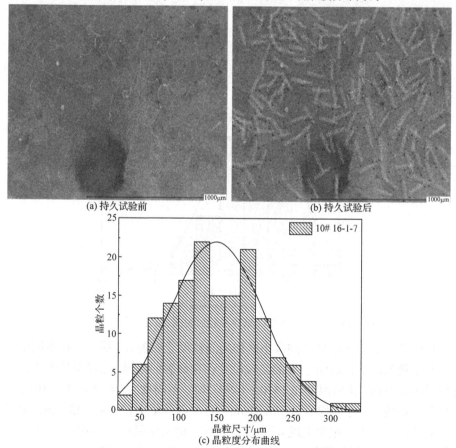

(a) 持久试验前　　　　　　　　　　　　　　(b) 持久试验后

(c) 晶粒度分布曲线

图 6.24　工艺 E(1470℃)试样晶粒形貌图、晶粒度分布曲线

图 6.25 为浇铸温度 1500℃，工艺 F 制备叶片割取小试样的晶粒形貌图、晶粒度分布曲线，由图可以得到晶粒尺寸平均值为 180.40μm。从该铸造叶片经服役 93h 后的显微组织(持久试验前 SEM)可以看到零星分布的孔洞和晶界交汇处的 MC 碳化物，可能是上述原因使其持久性能较差，持久寿命为 42.15h。

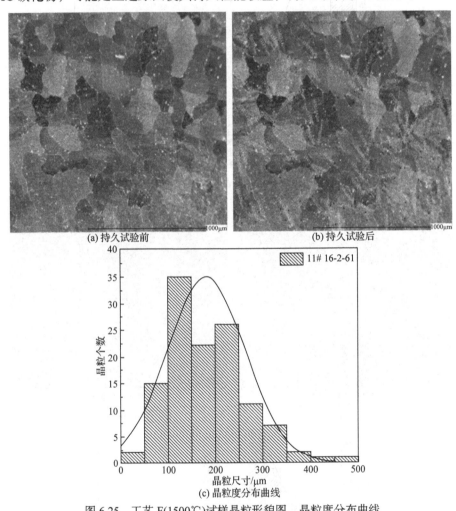

(a) 持久试验前　　　　　　　　　　　　(b) 持久试验后

(c) 晶粒度分布曲线

图 6.25　工艺 F(1500℃)试样晶粒形貌图、晶粒度分布曲线

选取典型 8 个批次叶片割取小试样的晶粒尺寸如表 6.3 所示，在不同的铸模工艺及浇铸温度下，K480 合金的晶粒尺寸存在显著的差异。通过对比 8 组晶粒统计结果可以发现，浇铸温度在 1470~1490℃时，不同批次(2#、5#、7#、10#、11#、12#)生成的晶粒尺寸平均值为 188.81μm，且大部分集中在 100~250μm，晶粒尺寸间的差异并不大，很少出现 450μm 以上尺寸的大块晶粒；第 6#批、第 8#批生成的晶粒直径分布范围更大，晶粒尺寸平均值也升高到 315.33μm。

表 6.3　不同批次 K480 叶片晶粒尺寸统计表

组号	2#	5#	6#	7#	8#	10#	11#	12#
晶粒尺寸平均值/μm	196.97	140.56	346.53	237.55	284.12	147.86	180.40	229.52
晶粒尺寸标准差	98.95	57.26	198.23	155.93	288.11	59.12	82.24	101.82

6.3.5　断口分析

各批次 K480 叶片割取的工字形小试样进行持久寿命测试后，选取部分小试样进行断口分析，分别采用三维超景深显微镜和场发射扫描电镜对其断口形貌进行观察。

图 6.26 为 A、B、E、F 四种铸造工艺条件下铸造试样的断口形貌图。从图中可以看出，持久试验后的试样断口比较粗糙，断面处出现部分浅而小的韧窝，且试样均发生了颈缩现象。拉伸断口可见解理台阶、河流花样和撕裂棱，符合准解理断裂形貌特征，且准解理断口裂纹主要起源于晶粒内部的孔洞、碳化物和夹杂物等，从试样断口可以看出试样断裂过程为从薄壁端起裂，最后在厚壁端瞬断。

浇铸温度为 1470℃ 条件下，对比铸造工艺分别为 C、D(第 3# 批和第 4# 批)的试样的断口形貌，如图 6.27 所示。从图中可以看出，两种工艺条件下的试样宏观

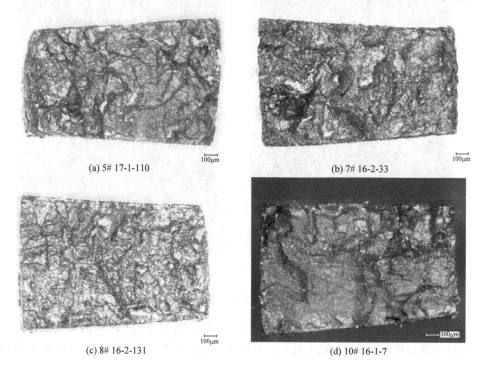

(a) 5# 17-1-110

(b) 7# 16-2-33

(c) 8# 16-2-131

(d) 10# 16-1-7

(e) 11# 16-2-61　　　　　　　　　(f) 12# D_1

图 6.26　K480 工字形试样断口形貌(三维超景深光学显微镜)

断口高低不平且较为粗糙,断面处出现部分孔洞,且试样均发生了明显的颈缩现象。持久后期试样的变形使材料内部产生孔洞缺陷,这些孔洞相互作用促使产生了二次裂纹,孔洞及二次裂纹的不断扩大,致使裂纹最终相互连接,材料发生断裂。

(a) 3# 16-2-89 宏观断口形貌　　　　　　(b) 3# 16-2-89 局部放大图

(c) 4# 16-2-101 宏观断口形貌　　　　　　(d) 4# 16-2-101 局部放大图

图 6.27　K480 工字形试样断口形貌

浇铸温度为 1500℃条件下,对比铸造工艺分别为 A、F(第 7#批和第 11#批)的试样的断口形貌,如图 6.28 所示。从图 6.28(a)(b)中可以看出,第 7#批铸造试样的内部出现了大量的宏观裂纹，断裂主要起源于试样薄壁端的内部，并向试样薄弱区域扩展，直至试样断裂。从图 6.28(c)(d)中可以看出，第 11#批试样的断口可见解理台阶和撕裂棱，符合准解理断裂形貌特征，并在沿晶面上可见细小的浅韧窝，韧窝的出现能够有效地延缓裂纹的扩展。

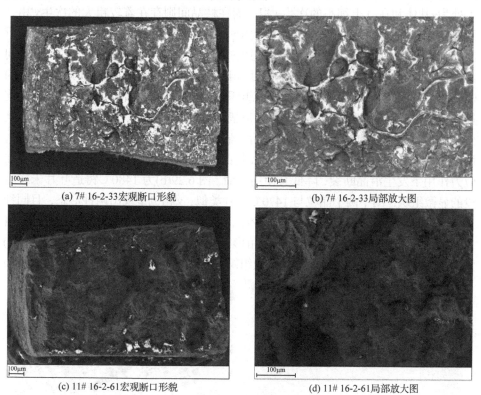

(a) 7# 16-2-33宏观断口形貌　　　　　　(b) 7# 16-2-33局部放大图

(c) 11# 16-2-61宏观断口形貌　　　　　　(d) 11# 16-2-61局部放大图

图 6.28　K480 试样断口形貌

6.3.6　持久试验前 SEM 分析

采用 Zeiss Gemini300 场发射扫描电子显微镜，对不同铸造工艺生产的 K480 叶片割取小试样持久试验前后的微观组织进行观察。从工字形试样切割下来的位置，切割出尺寸为 2～3mm 的小立方块进行试验前的微观组织观察，得到不同装机时长条件下各批次叶片的组织形态，以便与持久试验后的微观形貌进行分析和对比。

图 6.29 为 K480 原始试样不同批次浇铸温度从 1470℃逐渐升高到 1500℃时叶片的微观组织形貌。图 6.29(a)为 1470℃铸造叶片经服役 93h 后的显微组织，K480 合金在服役 93h 后的显微组织为典型的枝晶形貌，晶界呈现出锯齿形，虽然目前关于锯齿形晶界成因还存有争议(有研究认为在热处理过程中，碳化物阻碍了晶界的移动，导致锯齿形晶界的形成；另有研究认为，合金在热处理过程中，形

成了尺寸不均匀的γ′相，超过某一临界尺寸的γ′相钉轧晶界的运动，使其不能够均匀向前推进，因此形成了锯齿形晶界)，但比较一致的观点为锯齿形晶界可有效地阻碍微裂纹的扩展，从而改善合金的高温力学性能。试样表面存在 2～10μm 的MC 碳化物，主要分布在晶界附近。从图 6.29(a)的局部放大图中可以看出，枝晶干处为γ基体和在其上细小的次生γ′相，而在枝晶间则存在着较粗大的次生γ′相。另外，铸态组织在凝固过程中初生和次生γ′相凝固顺序不同，初生γ′相从液相中析出，次生γ′相从γ固溶体中脱溶出来，初生γ′相比次生γ′相形成温度高一些。枝晶间富含 Al、Ti 等γ′相形成元素，枝晶间处γ相的过饱和浓度较大，增加了γ′相长大的驱动力，造成枝晶间处γ′相尺寸较大。组织中γ′相的体积分数为 40%～50%，平均尺寸为(450±50)nm，呈立方体形态，在凝固后的冷却过程中，一些γ′相正从棱角上分裂开，形成更小的沉淀相。经服役后，显微组织中出现一小部分γ′相呈三角状，尺寸约为 200nm；晶界处生成 1～3μm 长的裂纹孔洞，这将极大概率引起试样在应力作用下发生沿晶断裂，降低其使用寿命。图 6.29(b)为 1480℃铸造叶片未经服役的显微组织，图中两个晶粒与 1470℃叶片类似，γ′相也呈现出两种形态，且同种工艺制备的不同叶片持久寿命分散性较小，左下方和右上方两个晶粒中γ′相形态略有不同，左下方晶粒中γ′相大部分呈三角形，右上方晶粒中γ′相呈立方状。图 6.29(c)为 1490℃铸造叶片经服役 93h 后的显微组织，从图中可看到一个尺寸约为 4μm×8μm

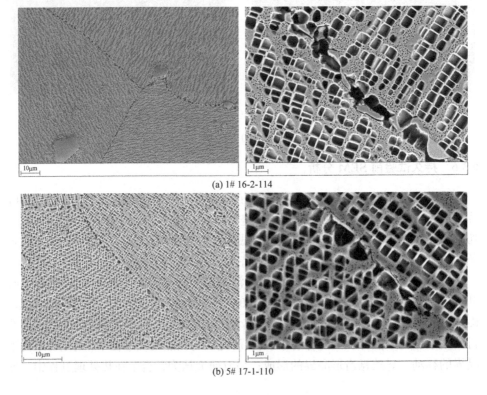

(a) 1# 16-2-114

(b) 5# 17-1-110

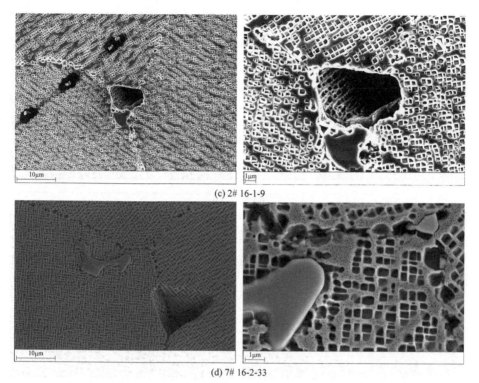

(c) 2# 16-1-9

(d) 7# 16-2-33

图 6.29 K480 原始试样不同批次(1#、5#、2#、7#)的微观形貌图

矩形孔洞，孔边存在一个尺寸为 4μm 左右的 MC 碳化物。图 6.29(d)为 1500℃ 铸造叶片经服役 93h 后的显微组织，从图中可以看到一个边长约 10μm 的孔洞，孔洞旁生成长度约 10μm 呈洒水壶状 MC 碳化物。从图 6.29(d)的局部放大图中可以看出，枝晶干处为 γ 基体和在其上细小的次生 γ′相，而在枝晶间则存在着较粗大的次生 γ′相，晶界交汇处生成一个尺寸约 1μm 的 MC 碳化物。

图 6.30 为第 6#批、第 7#批和第 11#批在不同浇铸温度条件下，两种冷却方式

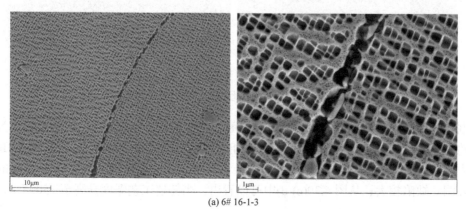

(a) 6# 16-1-3

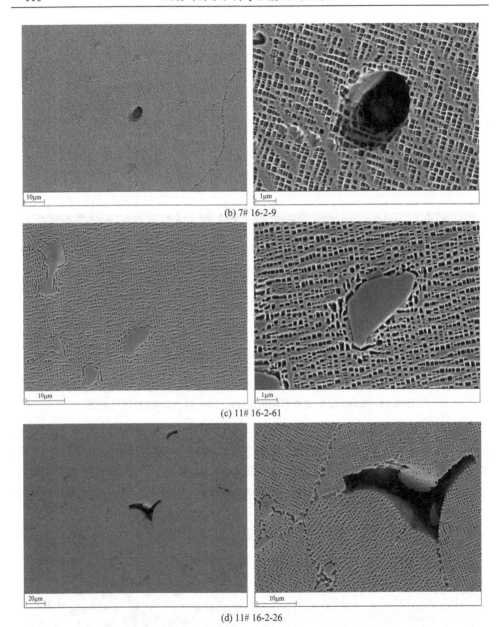

(b) 7# 16-2-9

(c) 11# 16-2-61

(d) 11# 16-2-26

图 6.30　K480 原始试样不同批次(6#、7#、11#)的微观形貌图

制备叶片经服役 93h 后的显微组织形貌图。从图 6.30(a)可以看出,该图组织更为均匀,析出的 MC 碳化物数量较少,γ'相之间的距离分布非常均匀;从图 6.30(b)中可以看出,该批次的 MC 碳化物很多,并且区域正中间出现一个直径约 5μm 的孔洞,缺陷较大;从图 6.30(c)(d)中可以看出,当铸造工艺温度升高至 1500℃时,

叶片微观组织中 MC 碳化物数量明显增多。

　　图 6.31 为 1490℃浇铸温度条件下，第 2#批和第 8#批制备叶片服役 93h 后的显微组织形貌图。可以看出，随着冷却速率的改变，叶片晶界处的孔洞缺陷逐渐降低，MC 碳化物尺寸变小，MC 碳化物是 K480 合金中重要的强化相，它的大小和形态对合金的持久性能有重要影响。MC 碳化物本身属性较脆，在荷载的作用下容易在尺寸较大的碳化物处产生应力集中，产生裂纹，因此表现出来的持久性

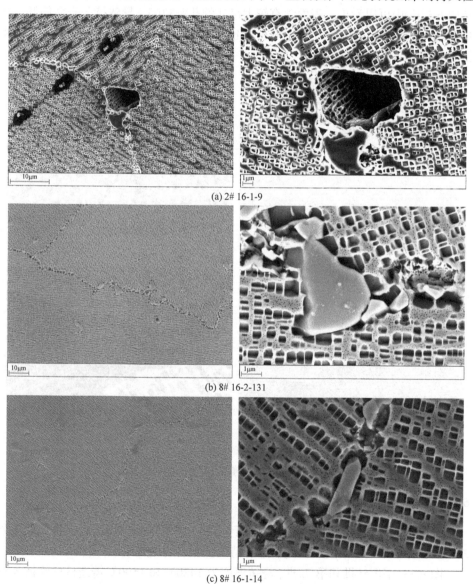

(a) 2# 16-1-9

(b) 8# 16-2-131

(c) 8# 16-1-14

图 6.31　K480 原始试样不同批次(2#、8#)的微观形貌图

能较差。当 MC 碳化物以小颗粒状分布在晶界附近时，因其尺寸较小，持久拉伸期间与之相连的基体位移小，碳化物受力也较小，在碳化物上产生裂纹所需的能量高，所表现出的持久性能较强。此外，不同晶粒γ′相之间的差异也逐渐减小，组织结构更加稳定。

图 6.32 为第 13#批制备叶片服役 93h 后的显微组织形貌图。从图 6.32(a)中可以看出，该图试样组织较均匀，无明显缺陷生成，晶界处有较大的 MC 碳化物。从图 6.32(b)中可以看出，表面含有较大尺寸的孔洞缺陷，导致持久寿命偏低。经过对比，图 6.32(a)的持久寿命比图 6.32(b)的持久寿命高，但空壳包棉制备的叶片持久寿命分散性较大。

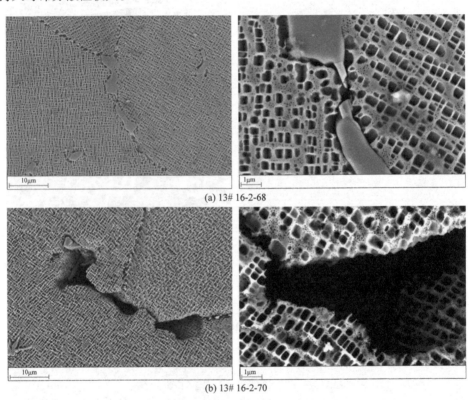

(a) 13# 16-2-68

(b) 13# 16-2-70

图 6.32　K480 原始试样第 13#批的微观形貌图

6.3.7　持久试验后 SEM 分析

选取持久试验后断裂的部分试样进行切割，将端部断口切下后，再截取一个 2～3mm 的立方块，镶嵌、磨抛后进行持久试验后的微观组织分析。

图 6.33 为第 5#批和第 7#批，浇铸温度为 1480℃和 1500℃铸造试样经持久断裂后的微观组织形貌。从图 6.33(a)可以看出，经 1480℃工艺制备的 K480 叶片割

取小试样，未服役，经超 157.9h 的持久寿命测试断裂后，组织中原来呈四角星形状且棱角清晰的γ′相逐渐向圆形转化，一些γ′相从棱角上分裂开，形成更小的沉淀相。γ/γ′界面产生是因为随着持久时间的延长，两相之间的错配度减小，弹性应变能降低，界面能起主要作用。界面能与γ/γ′界面面积成正比，与方形相比，圆形具有更小的面积，γ/γ′界面面积减小。γ′相边角钝化，形貌由方形转化为圆形，促使γ/γ′界面能降低，有利于降低合金系统的总能量，使得合金的持久性能有所提升。

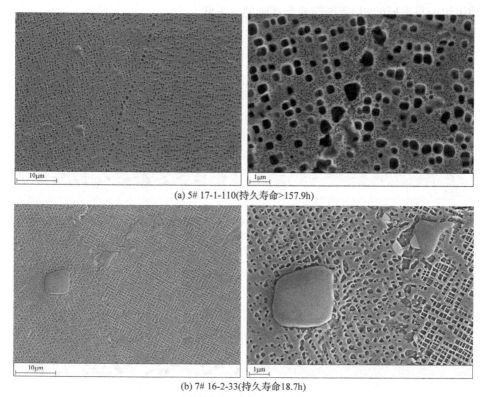

(a) 5# 17-1-110(持久寿命>157.9h)

(b) 7# 16-2-33(持久寿命18.7h)

图 6.33　K480 持久断裂后不同批次(5#、7#)试样的微观形貌图

从图 6.33(b)可以看出，1500℃铸造叶片的组织中出现部分γ′相定向排列连接的现象，表面仍有较大的 MC 碳化物，从局部放大图中可以看出，大块 MC 碳化物的尺寸约为 5μm，左下方晶粒外观及尺寸的变化情况与 1480℃铸造叶片的组织变化情况相似，出现由立方状向球形转化的趋势；右上方晶粒中γ′相形状未发生明显变化，枝晶干处γ基体相上细小的次生γ′相数量与持久性能测试之前相比明显降低，这是因为在高温持续作用下，γ′相小粒子趋向于溶解；各晶粒之间γ强化相形态变化趋势不同，可能会造成晶界处产生复杂的应力状态，引起叶片割取小试样持久性能的衰减。

　　图 6.34 为浇铸温度为 1480℃条件下，第 6#批和第 7#批铸造叶片上割取的小试样经持久断裂后的微观组织形貌。从图 6.34(a)中可以看出，第 6#批铸造叶片在服役 93h、持久超 212.3h 后，其组织结构仍非常均匀，没有发生明显的筏化现象，不存在孔洞、裂纹等缺陷，MC 碳化物尺寸较小且分布均匀；枝晶干处γ基体相上细小的次生γ′相数量与持久性能测试之前相比明显降低，这是因为在高温持续作用下，γ′相小粒子趋向于溶解，使γ′相长大、粗化，从而降低了界面能，持久试验前组织中呈锥形的γ′相逐渐演变为规则的立方状。

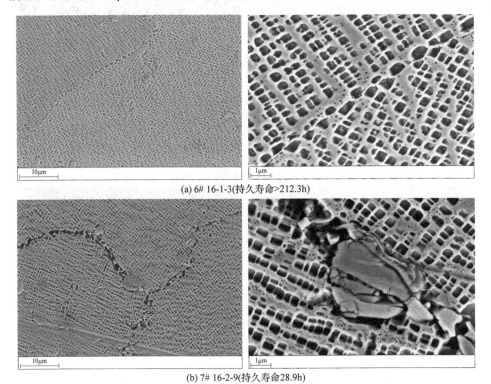

(a) 6# 16-1-3(持久寿命>212.3h)

(b) 7# 16-2-9(持久寿命28.9h)

图 6.34　K480 持久断裂后不同批次(6#、7#)试样的微观形貌图

　　从图 6.34(b)中可以看出，第 7#批铸造叶片在服役 93h、持久 28.9h 断裂后的组织形貌较散乱，晶界处缝隙较大，并且生成有大小不一的 MC 碳化物，γ′相出现定向排列的倾向，左下方晶粒中部分γ′相已趋于完全溶解，可能是该工艺下叶片小试样发生持久断裂的主要因素。从图 6.34(b)的局部放大图中可以看出，左下方晶粒的γ′相已有筏化趋势，而右上方晶粒的γ′相仍保持为规则的立方体形态，两晶粒之间晶相之间变化趋势的差异可能会导致持久性能下降。

　　图 6.35 为第 6#和 11#批，浇铸温度从 1480℃上升到 1500℃，叶片服役 93h后，从叶片上割取小试样分别进行 212.3h(未断)和 42.2h(断裂)持久性能测试后的

微观组织形貌图。从图 6.35(a)中可以看出，第 6#批铸造叶片在服役 93h、持久超212.3h 后，其组织结构仍非常均匀，没有发生明显的筏化现象，不存在孔洞、裂纹等缺陷，MC 碳化物尺寸较小且分布均匀；枝晶干处γ基体相上细小的次生γ′相数量与持久性能测试之前相比明显降低，这是因为在高温持续作用下，γ′相小粒子趋向于溶解，使γ′相长大、粗化，从而降低了界面能，持久试验前组织中呈锥形的γ′相逐渐演变为规则的立方状。

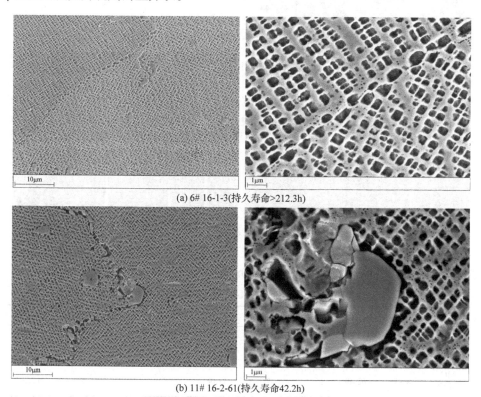

(a) 6# 16-1-3(持久寿命>212.3h)

(b) 11# 16-2-61(持久寿命42.2h)

图 6.35　K480 持久断裂后不同批次(6#、11#)试样的微观形貌图

从图 6.35(b)中可以看出，浇铸温度升高到 1500℃，叶片在服役 93h、持久42.2h 断裂后的组织形貌较散乱，晶界和晶粒内均生成大小不一的 MC 碳化物，晶界上 MC 碳化物的尺寸很不规则，γ′相出现定向排列的倾向，可见浇铸温度的升高不利于 K480 合金组织的均质化，持久性能降低至原寿命的 80%。

6.3.8　持久试验前后 EDS 分析

从工字形试样切割位置处，切割出尺寸为 2～3mm 的小立方块进行试验前的微观组织观察和能量色散 X 射线谱(EDS)元素分析，得到不同装机时长下各批次叶片的显微组织形态及元素分布情况，以便与持久试验后的微观形貌和元素分布进行分析和对比。

图 6.36 为第 6#批铸造叶片服役 93h 后的元素分析图。图 6.37 为上述叶片割取小试样进行 212.3h 持久试验后的元素分析图。从表 6.4 和表 6.5 中可以看出，两相成分中皆含有 Ni、Al 等主要元素以及 Cr、Co、W 等固溶强化元素，持久试验前γ强化相及 MC 碳化物中还存在 Mo。

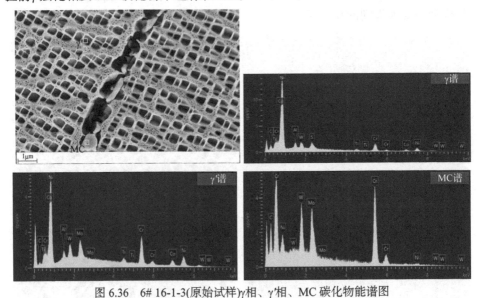

图 6.36　6# 16-1-3(原始试样)γ相、γ′相、MC 碳化物能谱图

表 6.4　6# 16-1-3(原始试样)γ相、γ′相、MC 碳化物元素含量　　（单位：%）

区域	Ni 含量	Cr 含量	Co 含量	C 含量	W 含量	Ti 含量	S 含量	Al 含量	Mo 含量
γ相	55.42	17.18	12.64	5.21	4.41	1.90	1.66	1.58	—
γ′相	53.82	20.13	15.05	0.94	3.22	1.68	—	0.69	4.47
MC 碳化物	6.83	62.49	—	7.31	11.08	—	—	—	12.29

注：—表示对应元素含量为 0%或未检出，后同。

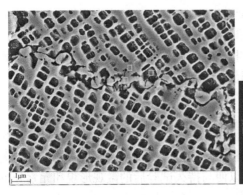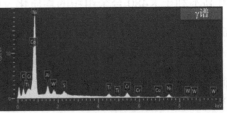

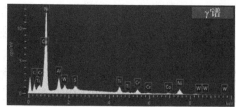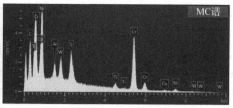

图 6.37 6# 16-1-3(持久试验后试样)γ相、γ′相、MC 碳化物能谱图

表 6.5 6# 16-1-3(持久试验后试样)γ相、γ′相、MC 碳化物元素含量 (单位：%)

区域	Ni 含量	Cr 含量	Co 含量	C 含量	Ti 含量	W 含量	Al 含量	S 含量
γ相	60.61	10.78	9.30	7.81	4.06	3.80	2.55	1.09
γ′相	69.88	6.67	5.86	5.67	5.56	2.75	2.70	0.91
MC 碳化物	17.37	53.53	3.22	12.43	2.38	6.19	1.46	3.42

经服役 93h 后试样原始组织中，MC 碳化物中含有典型元素 W、Mo、Ti 等；经 212.3h 的持久性能测试后，微观组织中γ相、γ′相的 Ni 含量基本保持不变，从微观组织图中可以看出，γ′相由锥状逐渐演化为规则的立方状，立方体形具有最小的应变能，应变能的降低促使γ′相长大，呈现规则的立方体形貌，使得该试样的持久强度进一步提高，持久寿命达到目标时数后手动停止试验。

图 6.38 为第 7#批铸造叶片服役 93h 后的元素分析图。图 6.39 为上述叶片割

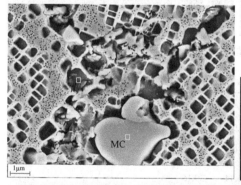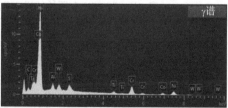

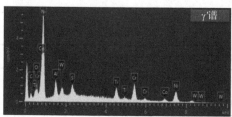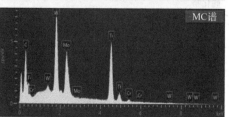

图 6.38 7# 16-2-9(原始试样)γ相、γ′相、MC 碳化物能谱图

取小试样进行 28.9h 持久试验断裂后的元素分析图。从表 6.6 和表 6.7 中可以看出，两相成分中皆含有 Ni、Al 等主要元素及 Cr、Co、W 等固溶强化元素，断裂前γ′相未检测出 Mo。经服役 93h 后试样原始组织中，MC 碳化物中典型元素 W、Mo、Ti、C 等的含量较高；经 28.9h 的持久性能测试后，微观组织中γ′相的 Ni 含量由 67.03%下降到 51.45%，从微观组织图中可以看出，γ′相尺寸变化不大，部分细小的次生γ′相已消失，重新分布到γ相和γ′相中。元素分布，特别是难熔元素的再分布可能会影响合金局部区域的力学性能，进而导致试样持久强度的降低。

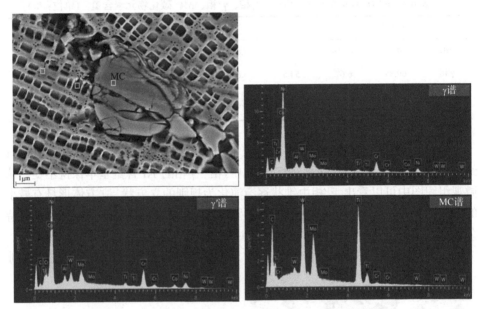

图 6.39　7# 16-2-9(断裂后试样)γ相、γ′相、MC 碳化物能谱图

表 6.6　7# 16-2-9(原始试样)γ相、γ′相、MC 碳化物元素含量　(单位：%)

区域	Ni 含量	Cr 含量	Co 含量	C 含量	W 含量	Ti 含量	Al 含量	S 含量	O 含量	Mo 含量
γ相	56.68	16.94	12.71	4.18	4.04	2.11	1.68	1.66	—	—
γ′相	67.03	12.78	7.93	2.24	2.02	4.88	1.55	1.01	0.56	—
MC 碳化物	—	2.53		14.46	26.44	39.15			—	17.42

表 6.7　7# 16-2-9(断裂后试样)γ相、γ′相、MC 碳化物元素含量　(单位：%)

区域	Ni 含量	Cr 含量	Co 含量	Mo 含量	W 含量	C 含量	Ti 含量	Al 含量
γ相	53.80	18.00	13.35	4.87	3.94	3.38	1.52	1.14
γ′相	51.45	21.10	13.52	5.11	3.84	2.09	1.89	1.00

续表

区域	Ni 含量	Cr 含量	Co 含量	Mo 含量	W 含量	C 含量	Ti 含量	Al 含量
MC 碳化物	—	1.59	—	15.35	23.26	14.56	45.24	—

图 6.40 为第 7#批 1500℃铸造工艺条件铸造叶片服役 93h 后的元素分析图。图 6.41 为上述叶片割取小试样进行 18.7h 持久试验断裂后的元素分析图。从显微组织的前后变化情况可以看出，持久试验后部分晶粒的γ′相分布情况已经呈现杂乱的趋势，γ′相形状也呈现出多种形态，如三角形、椭圆形、梯形等，尺寸减小非常明显，导致叶片的持久性能衰退显著。对比分析元素含量(表 6.8 和表 6.9)可知，γ相和γ′相中 Ni 的含量变化不明显，γ′相中出现了 C 元素的富集现象，导致其强化作用下降，原始试样γ′相中的 S 元素已迁移到基体γ相中。MC 碳化物中的典型元素有 W、Ti、C 等，持久试验前后含量变化较大的为 Ti 元素，从 28.51%上升到 48.47%。

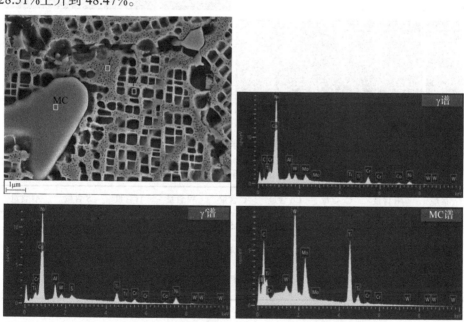

图 6.40　7# 16-2-33(原始试样)γ相、γ′相、MC 碳化物能谱图

表 6.8　7# 16-2-33(原始试样)γ相、γ′相、MC 碳化物元素含量　(单位：%)

区域	Ni 含量	Cr 含量	Co 含量	Mo 含量	W 含量	C 含量	Ti 含量	Al 含量	S 含量	B 含量
γ相	54.63	15.79	11.71	4.76	4.18	4.11	2.97	1.85	—	—
γ′相	76.55	4.84	5.24	—	2.18	—	7.74	2.79	0.66	—

区域	Ni含量	Cr含量	Co含量	Mo含量	W含量	C含量	Ti含量	Al含量	S含量	B含量
MC 碳化物	—	1.32	—	10.60	19.44	19.27	28.51	—	—	20.86

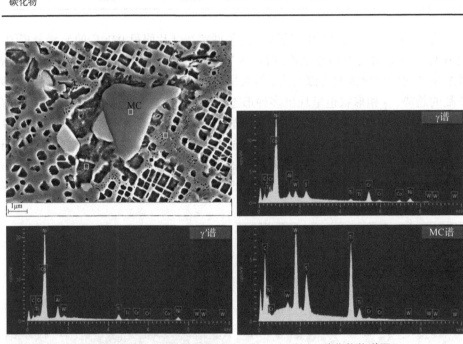

图 6.41　7# 16-2-33(断裂后试样)γ相、γ′相、MC 碳化物能谱图

表 6.9　7# 16-2-33(断裂后试样)γ相、γ′相、MC 碳化物元素含量　(单位：%)

区域	Ni含量	Cr含量	Co含量	C含量	W含量	Ti含量	S含量	Al含量
γ相	54.40	18.85	12.71	4.51	4.37	2.07	1.79	1.30
γ′相	73.23	2.26	5.66	5.13	1.85	7.79	—	4.08
MC 碳化物	—	1.20		18.18	26.81	48.47	5.34	—

　　图 6.42 为第 11#批 1500℃铸造工艺条件铸造叶片服役 93h 后的元素分析图。图 6.43 为上述叶片割取小试样进行 42.2h 持久试验断裂后的元素分析图。分析元素含量可以看出(表 6.10 和表 6.11)，γ相和γ′相中各元素含量变化均不显著；MC 碳化物由持久测试前的椭圆状变为长条状，对其进行元素分析发现，Cr 含量由 16.60%下降到 3.98%，Mo 含量由 15.91%下降为 0%。经过 42.2h 的持久测试后，试样中 C 含量、S 含量由 0%分别上升为 17.51%和 6.71%。元素分布，特别是难

熔元素的再分布可能会影响合金局部区域的力学性能，进而导致试样持久强度的降低。

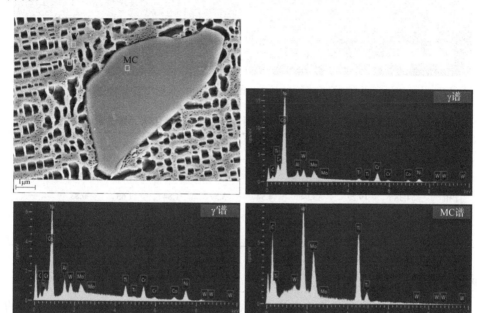

图 6.42　11# 16-2-61(原始试样)γ相、γ′相、MC 碳化物能谱图

表 6.10　11# 16-2-61(原始试样)γ相、γ′相、MC 碳化物元素含量　(单位：%)

区域	Ni 含量	Cr 含量	Co 含量	Mo 含量	W 含量	C 含量	Ti 含量	Al 含量
γ相	51.84	17.75	13.07	5.31	5.22	3.28	2.07	1.46
γ′相	66.80	10.04	8.91	2.61	2.78	2.20	5.16	1.50
MC 碳化物	—	16.60	—	15.91	26.00	—	41.49	—

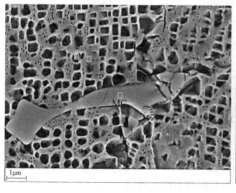

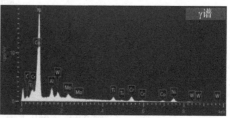

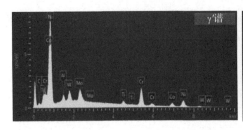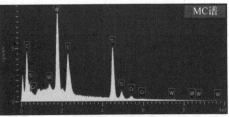

图 6.43　11# 16-2-61(断裂后试样)γ相、γ′相、MC 碳化物能谱图

表 6.11　11# 16-2-61(断裂后试样)γ相、γ′相、MC 碳化物元素含量　(单位：%)

区域	Ni 含量	Cr 含量	Co 含量	Mo 含量	W 含量	Ti 含量	C 含量	Al 含量	S 含量
γ相	61.87	10.30	9.62	3.33	3.96	4.40	3.89	2.63	—
γ′相	54.38	19.27	13.94	4.54	3.57	1.84	1.63	0.83	—
MC 碳化物	—	3.98	—	—	31.71	40.09	17.51	—	6.71

6.3.9　有限元模拟

为了进一步对 K480 合金叶片进行持久性能分析，采用模拟计算仿真分析的方法对其断裂形式进行模拟验证，并与实际试验结果进行对比。由于铸造工艺和浇铸温度两种条件很难在模拟计算中表现出来，所以本章的模拟是按照材料手册中的原始参数来进行数值模拟的。

运用有限元分析软件 ABAQUS 建立工字形平板试样有限元模型，如图 6.44 所示，模型共划分了 3854 个单元，单元类型为 C3D8 块体单元，试验应力水平为 400MPa，计算得出工字形小试样顶部应力水平为 70.59MPa，模拟温度场温度为 835℃。

图 6.44　K480 工字形平板试样有限元模型

　　通过 ABAQUS 软件模拟计算，得到了工字形平板模拟试样在 835℃/400MPa 工况下的持久蠕变曲线，如图 6.45 所示，可以看出在未考虑铸造工艺和浇铸温度的条件下，模拟试样的持久寿命保持在 156.3h，与试验持久蠕变曲线走势相同，没有明显的第一持久变形阶段，存在明显的第二、第三持久变形阶段。由此可见合适的铸造工艺及浇铸温度对该合金持久性能会有一定的提升。

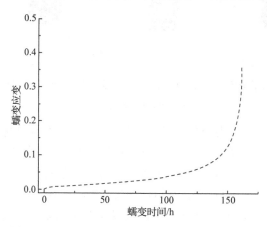

图 6.45　K480 工字形平板模拟试样持久蠕变曲线

　　图 6.46 为 835℃/400MPa 试验条件下的 K480 工字形平板模拟试样不同持久

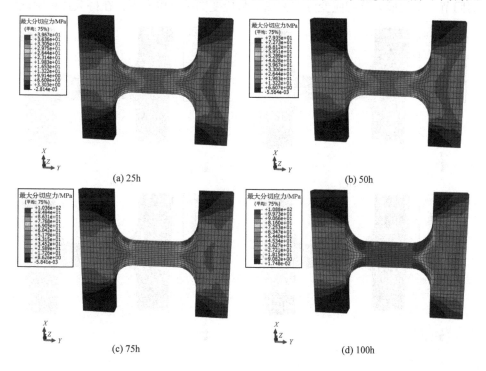

(a) 25h

(b) 50h

(c) 75h

(d) 100h

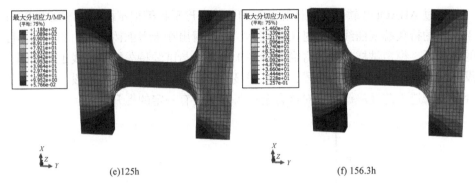

(e)125h (f) 156.3h

图 6.46 K480 工字形平板模拟试样不同持久时间节点下最大分切应力分布云图(扫描章前二维码查看彩图)

时间节点下的最大分切应力分布云图。从图中可以发现，该试样标距段各时间节点下的最大分切应力上下浮动不大，与工字形试样两端相比要高出许多，且试样中各节点处的最大分切应力的分布与试样中心点呈对称分布。随着持久时间的不断增加，各个时间段的最大分切应力不断增大，当试样持久过程进入第三持久阶段即将断裂时，标距段中心点的最大分切应力比中心点两侧最大分切应力小，导致试样最终从位于标距段中心的上下两侧断裂，而不是在标距段中心断裂，与试验结果吻合。

图 6.47 为 835℃/400MPa 试验条件下的 K480 工字形平板模拟试样不同持久时间节点下的最大分切应变分布云图。从应变图中可以发现，在持久过程中试样

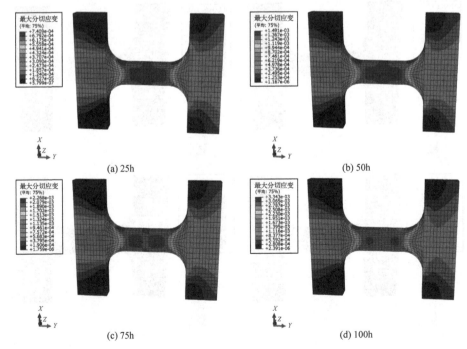

(a) 25h (b) 50h

(c) 75h (d) 100h

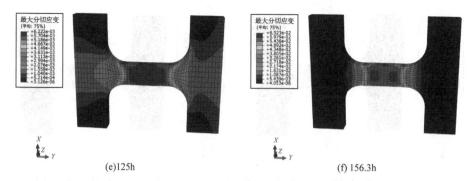

(e)125h　　　　　　　　　　　　　　　(f) 156.3h

图 6.47　K480 工字形平板模拟试样不同持久时间节点下最大分切应变分布云图(扫描章前二维码查看彩图)

的应变主要集中在试样中间标距段部分，且与最大分切应力云图相似，最大分切应变在整个标距段上的分布比较均匀，与试样的中心点呈对称分布。工字形试样两端的分切应变极小，可以忽略不计。随着持久时间的不断增加，各个时间段的最大分切应变不断增大，当试样持久过程进入第三持久变形阶段即将断裂时，标距段中心点的最大分切应变比中心点两侧最大分切应变要小，导致试样最终的断裂位置在标距段中心的上下两侧，而不是在标距段中心，这与试验结果相吻合。

　　图 6.48 为 835℃/400MPa 试验条件下的 K480 工字形平板模拟试样不同持久时间节点下的持久损伤分布云图。从图中可以发现，试样的持久损伤主要集中在

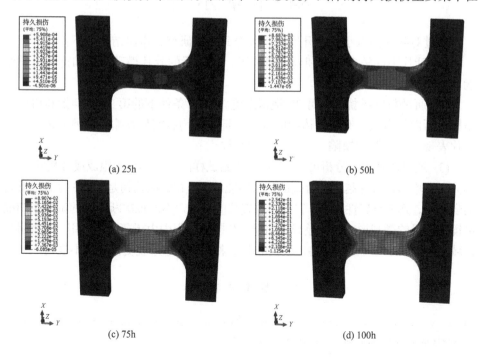

(a) 25h　　　　　　　　　　　　　　　(b) 50h

(c) 75h　　　　　　　　　　　　　　　(d) 100h

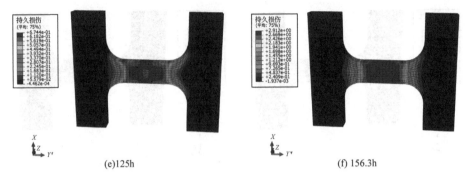

(e)125h　　　　　　　　　　　　　　(f) 156.3h

图 6.48　K480 工字形平板模拟试样不同时间节点下持久损伤分布云图(扫描章前二维码查看彩图)

标距段部分,从标距段中心的上下两侧开始累积,随着持久的进行,持久损伤不断向标距段中心点扩展。持久损伤云图整体相对试样标距段中心区域呈对称分布,持久损伤在标距段中心两侧的累积整体上超过了试样中心点,表明试样的最终断裂位置靠近试样中心两侧而不在中心处,这与试验结果相吻合。

通过有限元分析 835℃/400MPa 试验条件下的 K480 工字形平板模拟试样不同持久时间节点下的最大分切应力分布、最大分切应变分布、持久损伤分布可以得出,标距中心点的最大分切应变比中心点两侧最大分切应变小,导致试样最终的断裂位置在标距段中心的上下两侧,这与试验结果相吻合。

6.4　本 章 小 结

通过对叶片割取小试样开展的持久寿命试验研究,得出结论如下:

(1) 叶片不同铸造工艺和温度条件下,成型后的叶片微观组织和持久力学性能均存在较大的差异。

(2) 通过断口形貌观察可知,浇铸温度 1470℃条件下的第 3#和 4#批断口比较粗糙,断面处布满了有较大体积的空穴,且试样均有明显颈缩。两种工艺生产的叶片表现出了孔洞状缺陷,并伴有二次裂纹。

(3) 通过微观组织分析可知,各批次原始试样的微观形貌图组成成分相同,γ′相的分布越均匀,尺寸越小,合金的持久性能越强。MC 碳化物是 K480 合金中重要的强化相,其本身属性较脆,容易导致裂纹的产生。不同批次断裂后的试样在扫描电镜下拍摄的微观形貌整体差异不明显,在持久过程中由于荷载的作用,断口附近区域的γ′相出现较大程度扭曲,形貌也由原来的长方体形貌变得更加不规则。

参 考 文 献

[1] Zhao X, Lin L, Zhang W, et al. Segregation behavior of alloying elements in different oriented single crystal nickel based superalloys[J]. Materials Letters, 2009, 63(30): 2635-2638.

[2] Link T, Zabler S, Epishin A, et al. Synchrotron tomography of porosity in single-crystal nickel-base superalloys[J]. Materials Science and Engineering: A, 2006, 425(1-2): 47-54.

[3] 许桐舟, 潘秀红, 张明辉, 等.原位观察镍基高温合金 CMSX-4 缩松形成过程及机理研究[J]. 稀有金属材料与工程, 2021, 4:1-10.

[4] Pei H Q, Wang S S, Yang Y Z, et al. Thermal fatigue failure analysis and life assessment of Ni-based single crystal superalloys with film cooling holes[J]. Engineering Fracture Mechanics, 2024, 301: 110036.

[5] Zhang C J, Wang P, Wen Z X, et al. Study on creep properties of nickel-based superalloy blades based on microstructure characteristics[J]. Journal of Alloys and Compounds, 2022, 890: 161710.

[6] Wang J D, Liu T Y, Yang L K, et al. Stress redistribution and stress triaxiality effect on the fatigue life of notched Ni-based single crystal superalloy at 760℃[J]. Theoretical and Applied Fracture Mechanics, 2024, 131: 104380.

[7] Gu S N, Gao H S, Wang J D, et al. Anisotropy of young's modulus of DD6 from 25 to 1200℃ based on nondestructive dynamic method[J]. Advanced Engineering Materials, 2023, 25(17): 2300168.

[8] Gu S N, Gao H S, Wang J D, et al. A non-isothermal creep fracture prediction method of DS superalloy considering microstructural damage[J]. Engineering Fracture Mechanics, 2023: 287.

[9] Wang J D, Yang L K, Lu H, et al. Research on low cycle fatigue damage and macroscopic anisotropic constitutive model of Ni-based single crystal superalloy at different temperatures[J]. International Journal of Fatigue, 2023, 177: 107918.

[10] Jahangiri M R, Abedini M. Effect of long time service exposure on microstructure and mechanical properties of gas turbine vanes made of IN939 alloy[J]. Materials & Design, 2014. 64(10): 588-600.

[11] Eggeler G. Novel experimentation techniques to study damage accumulation and microstructural instability during creep of speralloy single crystal at high temperature (>1000℃)[J]. Materials Science and Technology, 2009, 25: 236-241.

[12] 曾强, 燕平, 邵冲, 等. K480 铸造镍基高温合金 900℃高温时效过程中晶界粗化行为研究[J]. 金属学报, 2013, 49(1): 63-70.

[13] 曾强, 燕平, 邵冲, 等. 高温时效对 K480 合金微观组织的影响[J]. 钢铁研究学报, 2011, 23(S2): 434-437.

[14] 姚志浩, 董建新, 张麦仓, 等. 铸态 K480 和 DD407 高温合金在长期时效过程中γ'相的稳定性[J]. 机械工程材料, 2015, 39(6): 67-72.

第7章　叶片不同部位服役过程性能劣化对比评估

镍基高温合金属于典型 Li2 型结构，在较大温度范围内具有良好的延展性、抗氧化性和抗蠕变性等优点，而且其制备技术已相对比较成熟，使其作为高温材料在航空发动机领域得到广泛的研究和应用[1-4]。为了尽可能提高涡轮的功率和效率，冷却叶片的冷却通道设计日益复杂，叶片厚度尺寸显著减小，新型的冷却叶片局部厚度最薄可达到 0.2mm。研究发现，当镍基单晶合金试件的厚度在 4mm 以内时，随着厚度的减小，抗蠕变性发生显著变化，薄试件的蠕变断裂寿命普遍降低 30%～60%，特殊情况下还可能降低 70%～90%，称为厚度尺寸效应[5-8]。厚度薄的区域是使用性能的薄弱环节，其力学性能直接决定着冷却叶片的使用性能和寿命。

本章以航空发动机高压涡轮叶片为研究对象，探究真实叶片取样方法，通过取样后原始叶片不同部位持久和低周疲劳试验，获得不同叶片及叶片不同部位的本征力学性能，为叶片设计、强度分析和寿命评估提供数据支撑。

7.1　小试样持久和低周疲劳试验件设计

针对复杂构型高压涡轮叶片的取样研究，目前国内外公开报道的主要包括两种：一种是针对实心厚叶片的小尺寸标准棒状试样[9]；另一种是针对薄壁叶片的小尺寸非标准薄壁试样[10]。小尺寸标准棒状试样已形成较为健全的试验标准，可以开展较为全面的力学性能评估，目前在地面燃气轮机和无较大空腔的叶片试验中应用较为广泛。小尺寸非标准薄壁试样因为试样构型的特点，只能针对特定的力学性能展开评价，如用于疲劳试验和单轴拉伸试验的工字梁型薄壁试样[11,12]。

本章根据某型发动机叶片的曲率及几何尺寸等具体情况，直接从叶片上割取小试样，微型持久试样的几何尺寸如图 7.1 所示，微型疲劳小试样的几何尺寸如图 7.2 所示，微型小试样在钼丝线切割机上取样，为保持试样的一致性，所有试样均在同一台机器上加工。

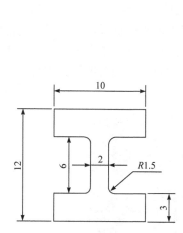
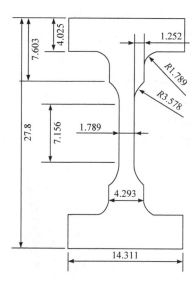

图 7.1　微型持久试样的几何尺寸(单位：mm)　　图 7.2　微型疲劳小试样几何尺寸(单位：mm)

7.2　高压涡轮叶片取样位置及取样方案

7.2.1　高压涡轮工作叶片取样

如图 7.3 所示，在 UG 软件中，以 O 为原点，沿叶身方向确定不同取样部位的坐标值，工作叶片共切割 5 个部位，每个部位 1 件，共 5 件，全部为持久试验件，依次标记为 P1、P2、P3、P4 和 P5。根据叶片的编号及部位不同，每个叶片取样后的小试样分别编号为 Ai-P/B-P1～Ai-B/P-P5(叶片 Ai(i=1～5)在叶盆面(P)或叶背面(B)的第 j(j-1～5)个小试样)。具体的取样切割流程如下：

(1) 导图。将小试样图纸导入线切割机的控制系统。

(2) 装配。将分度盘固定在线切割机的操作台上，将夹持叶片的夹具固定于分度盘的卡盘上，分度盘可进行旋转、分度和定位。

(3) 设置原点。正视叶盆，确定将位置 O 设置为原点，如图 7.3 所示。使用测量工具(如卡尺或测量仪)在叶片上找到要设置为原点的指定点，并记录下其坐标值。同时利用夹具尺寸来协助定位，在装配夹具的同时设定原点。

(4) 设置坐标系。打开线切割机的控制系统，进入坐标系设置界面。根据线切割机的操作菜单或指南，选择设置原点的功能，并输入指定点的坐标值作为新的原点坐标。

(5) 校准坐标系统。使用线切割机上的调整工具(如手动操纵按钮或调节螺钉)，将切割头移动到指定点的位置。使用坐标系统上的传感器或标尺，检查切割头的位置是否与指定点的坐标值一致。如果需要微调,使用坐标系统调整功能或调节螺钉,进行细微的坐标调整,直到切割头精确定位于指定点。

(6) 确认原点设置。确认切割头已经准确定位在指定点,并与设置的原点坐标一致。在线切割机的控制系统中进行验证,确保原点设置成功,并且系统能够准确识别和定位指定点,因此可减少或避免取样造成的试验数据分散性。由于工作叶片取样与叶盆面和叶背面位置对应,对应位置可进行同时取样,先切位置靠上的试样,排序依次为 P4、P5、P2、P3、P1。

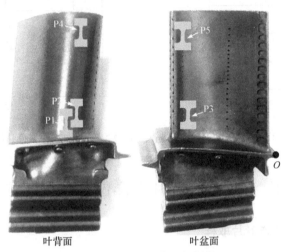

图 7.3　叶盆面、叶背面切割位置

其他工作叶片的取样切割方式与之一致,编号命名略有区别。5 个工作叶片同一部位的取样依次完成后再进行下一个部位的取样,尽可能减少取样带来的试验分散性。取样后不同部位的温度和持久试验载荷如表 7.1 所示。

表 7.1　涡轮叶片取样后持久试验条件

试验件编号	位置	温度/℃	持久试验载荷/MPa
Ai-B-P1	叶背	1100	F1
Ai-B-P2	叶背	1150	F2
Ai-P-P3	叶盆		
Ai-B-P4	叶背	980	F3
Ai-P-P5	叶盆		

注:$i=1,2,\cdots,5$。

切割后不同部位小试样的实物图如图 7.4 所示,由于工作叶片本身比较小,几何构型较为复杂,取样后试验件试验段会存在切割面且弧度较大,为了减少试验误差，对试样夹持端、切割面和铸造内表面进行了磨平。

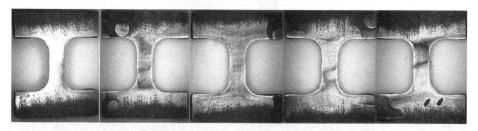

图 7.4　工作叶片切割后不同部位小试样的实物图

7.2.2　高压涡轮导向叶片取样

如图 7.5 所示，在 UG 软件中，以 O 为原点，沿叶身方向确定不同部位取样的坐标值，在叶背共切割 6 个部位，每个部位 1 件，在隔板切割 1 件，共切割 7 件，包括 2 件疲劳试验件，5 件蠕变试验件(隔板部位 1 件)，依次标记为 P1、P2、P3、P4、P5、P6 和 P7(隔板)。

根据导向叶片的取样数量及部位不同，导向叶片的叶身取样 7 件，分别编号为 C1-P/B/G-P1～C5-P/B/G-P7(表示叶片 $Ci(i=1～5)$ 在叶盆面(P)/叶背面(B)/隔板(G)的第 $j(j=1～7)$ 个小试样)。其切割流程与工作叶片相同，且 5 个导向叶片同一部位的取样，依次完成后再进行下一个部位的取样，尽可能减少取样带来的试验分散性。取样后不同部位的试验条件如表 7.2 所示。

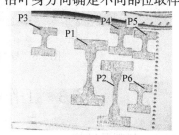

图 7.5　叶片切割位置

表 7.2　导向叶片取样持久试验拟采用载荷

试验件编号	位置	试验温度/℃	持久试验载荷/MPa	试验类型
Ci-B-P1	叶背	980	$\sigma 1$	低周疲劳
Ci-B-P2				
Ci-B-P3	叶背	1000	$\sigma 2$	持久试验
Ci-B-P4		900	$\sigma 3$	
Ci-B-P5			$\sigma 4$	
Ci-B-P6				
Ci-G-P7	隔板	1150	$\sigma 5$	

切割后不同部位小试样的实物如图 7.6 所示，由于导向叶片取样后试验件试验段基本不存在切割面且弧度较小，取样后均未对试验件表面进行磨平，所有试验件内表面均保留了原始铸造表面及特征。

(a) 疲劳试验件

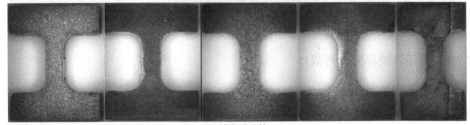

(b) 持久试验件

图 7.6　导向叶片切割后不同部位小试样实物图

7.3　工作叶片持久试验方案及过程

7.3.1　材料及试样

工作叶片试验件材料为镍基单晶高温合金，通过扫描电子显微镜观测得到不同部位原始材料的微观组织形貌，如图 7.7 所示。合金经过热处理后，含有体积分数较高的γ′强化相，弥散分布于γ基体相中。γ′相的形貌特征、尺寸、分布情况和体积分数在不同的取样位置处并没有明显差别。

图 7.7　工作叶片初始微观组织形貌图

小试样试验装置最重要的是要保证载荷的正确传递，以及温度和试样变形的准确测量，图 7.8 给出了小试样高温蠕变试验装置实物图，夹具材料为第二代镍基单晶高温合金，通过线切割加工而成，可以承受 1100℃ 以上的高温。试验机施加的载荷通过小试样的左右两臂传递，将热电偶丝绑在小试样上测量温度，夹具各部件同轴度高，具有良好的对中性和稳定性。由于小试样的标距段很短，无法按照标准的引伸计测量试样变形。因此，小试样的变形测量，可以用专门耐高温金属片固定在拉杆的部位，将应变测量仪与金属片连接，可实时记录试验过程中试样的变形。

图 7.8　小试样高温蠕变试验装置

蠕变试验前，统一采用超景深显微镜在试验段任选 3 处测量宽度、厚度，取用三处测得横截面积中的最小值，其精度为 0.001mm，然后计算危险截面面积，并对数据进行记录，根据实测危险截面面积及给定应力计算需要加载的载荷。

持久试验采用高温电子持久蠕变试验机，参考《金属高温拉伸蠕变试验方法》(HB 5151—96)，测定高压涡轮叶片小试样的持久抗蠕变性。试验件发生断裂，试验终止，采用三维超景深显微镜，进行宏观断口的拍摄。切割试验断口经超声波清洗后，采用扫描电镜(SEM)对其形貌进行观测，并对断口局部进行微观形貌观测，进而分析小试样失效的蠕变断裂机理。

蠕变试验结束后，采用超景深显微镜进行了宏观断口的拍摄，不同载荷条件下的断裂整体形貌如图 7.9 所示，所有试验件均在标距段内断裂。从试验后的表面形貌可以发现，试验件涂层面的涂层均未发生剥落，但可观察到涂层面均产生裂纹。非涂层面的表面颜色由于氧化比较严重，呈现灰绿色，而且断口处变形比较严重，尤其在高温 1150℃ 条件下，其氧化程度较高，表面出现了很明显的氧化物脱落的痕迹。通过观察不同温度条件下的断口，如图 7.10 所示，可以发现断裂后试验段会出现明显的颈缩，试样本身的有效承载面积减少，说明蠕变断裂属于韧性断裂。

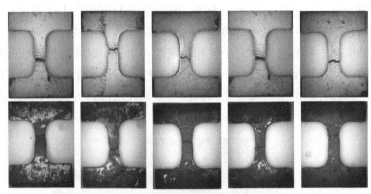

图 7.9 蠕变试验后不同部位试样整体形貌图

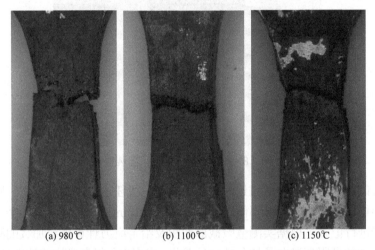

(a) 980℃   (b) 1100℃   (c) 1150℃

图 7.10 不同温度下(980℃、1100℃和1150℃)蠕变试验后局部形貌图

7.3.2 蠕变试验结果数据汇总及分析

对各不同部位的蠕变试验数据进行处理，用 Origin 绘制蠕变曲线，其蠕变断裂后的蠕变变形-蠕变时间曲线如图 7.11 所示。整个蠕变过程分为初始减速蠕变阶段、稳态蠕变阶段和加速蠕变阶段。初始减速蠕变阶段经历的时间比较短暂，在加载瞬间高温合金有着较大的蠕变应变率，随后蠕变应变率迅速降低，之后趋于平稳，合金进入蠕变第二阶段；稳态蠕变阶段合金的蠕变应变率基本上保持不变，稳态蠕变阶段持续的时间较长，随后蠕变应变率开始增加，合金进入蠕变第三阶段；加速蠕变阶段合金的蠕变应变率迅速增加，高温合金发生蠕变断裂。

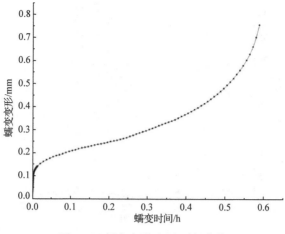

图 7.11　蠕变变形-蠕变时间曲线

　　如图 7.12 所示，本小节对 5 个同一叶片不同部位的蠕变寿命进行了分析，从图中可以看出，同一叶片不同部位小试样的蠕变寿命大致呈现出升高-降低-升高的变化趋势。同时，本小节对不同叶片同一部位的蠕变寿命进行了分析，从图 7.13 中可以看出，不同叶片同一部位小试样的蠕变寿命也呈现出升高-降低-升高的变化趋势。可见，对于不同编号的叶片，其蠕变寿命本身具有一定的分散性，这也是在同一部位的重复性试验中，其蠕变寿命存在分散性的原因。与理论蠕变寿命相比，真实叶片取样后小试样的实际蠕变寿命均会出现不同程度的下降，存在明显的尺寸效应，且高温下下降比例较高。

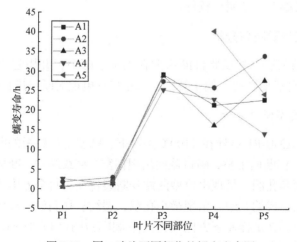

图 7.12　同一叶片不同部位的蠕变寿命图

　　从图 7.12 和图 7.13 中试验结果的数据可知，在较高温度(1150℃)及同等应力条件下，不同叶片同一部位蠕变寿命的数据分散性较小，其蠕变寿命偏低，

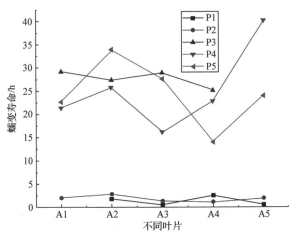

图 7.13　不同叶片同一部位的蠕变寿命图

主要原因是在高温和高应力时，小试样更易发生氧化腐蚀，试样抗蠕变性降低，诱发表面裂纹和缺陷的萌生，使试样有效承载面积减小，因此蠕变寿命明显降低。

在 P3、P4 和 P5 位置，在相同温度和应力条件下，每个应力水平下均重复了 5 次。P4 和 P5 部位，不同叶片同一部位蠕变寿命的数据分散性相对较大。剔除异常数据点，不同部位的平均蠕变寿命差异性不大，可见，在同等条件下，不同部位试样的蠕变寿命差异性不大。P5 试样 5 组数据分散性相对较大，这是因为 5 个试样的厚度差异性较大，存在明显的薄壁效应，相比于其他试样，A4-P-P5 厚度较薄，因此其蠕变寿命明显较低。

7.3.3　持久蠕变试验断口分析

蠕变试验结束后，将试验件断口泡在无水乙醇中，并用超声波对断口清洗 20min，除去试件表面杂质，便于观察。采用扫描电镜对断口进行了观测。

1. P1 试样典型断口分析

图 7.14 为 A3-B-P1 试样在 1100℃条件下，蠕变寿命较短的断口形貌图。从图 7.14 可知，总体断面平整，断口截面出现韧窝、韧纹结构，断面可以找到明显的方形解理平面和孔洞，呈现出典型的蠕变断裂特征。每个方形解理平面都是由撕裂棱和小平面组成的，中心出现微小孔洞，裂纹从孔洞处向周围扩展，合金由内而外发生破坏。在试样左下方区域为试样瞬断区(图 7.14 中 b)，瞬断区较大，在瞬断区可以看到台阶特征，由多个滑移面的晶体学平面构成。

图 7.15 为 A4-B-P1 试样在 1100℃条件下，蠕变寿命较长的断口形貌图。从图 7.15a 可知，断面氧化严重，有很多空穴，可以找到明显的方形解理平面和孔

图 7.14　A3-B-P1 试样在 1100℃条件下蠕变断口形貌图

a-断口整体图；b，c-断口局部图；图 7.15、图 7.17 同

图 7.15　A4-B-P1 试样在 1100℃条件下蠕变断口形貌图

洞，呈现出典型的蠕变断裂特征，瞬断区不明显。

2. P2 试样典型断口分析

图 7.16 为 A1-B-P2 试样在 1150℃条件下，蠕变试验后的断口形貌图。断面氧化非常严重，氧化物覆盖了断面特征，但由图仍可观察到明显的方形解理平面和孔洞，呈现出典型的蠕变断裂特征。

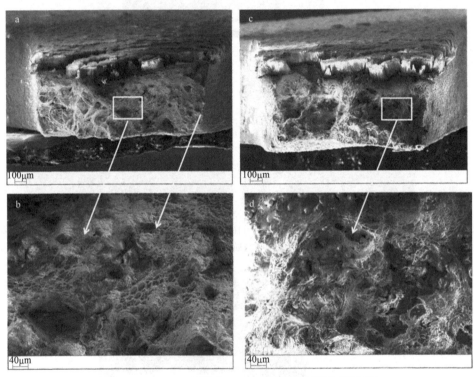

图 7.16　A1-B-P2 试样在 1150℃条件下蠕变断口形貌图
a，c-断口整体图；b，d-断口局部图

3. P3 试样典型断口分析

图 7.17 为 A1-P-P3 试样在 980℃条件下的蠕变断口形貌图。由图可观察到整个断口截面出现大量的韧窝、韧纹结构，呈现出典型的蠕变断裂特征。解理面尺寸大小不一，各韧窝之间有撕裂棱，韧窝中心出现微小孔洞，裂纹从孔洞处向周围扩展，合金由内而外发生破坏，图 7.17c 可观察到瞬断区，在边缘处断裂，瞬断区很小。

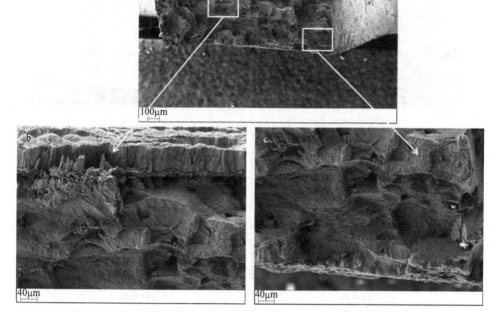

图7.17　A1-P-P3试样在980℃条件下蠕变断口形貌图

4. P4 试样典型断口分析

图7.18为A3-B-P4和A4-B-P4试样在980℃、291MPa条件下的蠕变断口形貌图。由图可观察到整个断口截面出现大量的韧窝、韧纹结构，呈现出典型的蠕变断裂特征。由图7.18a可观察到断面有较多空穴，这可能是其蠕变寿命较低的主要原因。两个试样中均有尺寸大小不一的解理面，各解理面之间有撕裂棱，解理面中心出现微小孔洞，裂纹从孔洞处向周围扩展，合金由内而外发生破坏，在边缘处断裂，瞬断区很小。

5. P5 试样典型断口分析

图7.19为A2-P-P5和A4-P-P5试样在980℃条件下的蠕变断口形貌图。由于两个试样的厚度存在明显差异，该组试样存在明显的薄壁效应。图7.19a中断口截面有大量解理面，各解理面之间有撕裂棱，解理面中心出现微小孔洞，呈现出典型的蠕变断裂特征。图7.19c中由于断口解理面尺寸较大，有明显的台阶。

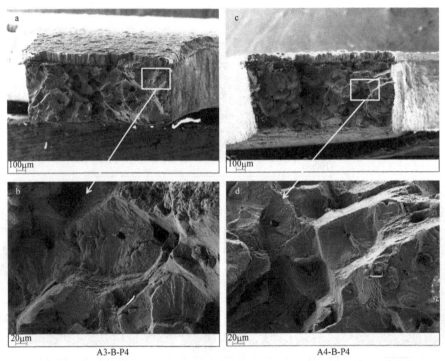

图 7.18　A3-B-P4 和 A4-B-P4 试样在 980℃、291MPa 条件下蠕变断口形貌图

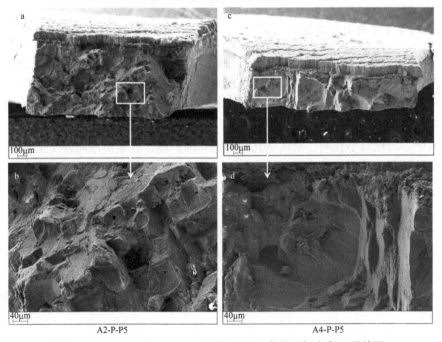

图 7.19　A2-P-P5 和 A4-P-P5 试样在 980℃条件下蠕变断口形貌图

　　不同部位试验件进行蠕变试验后，进行样品制备，并在扫描电镜下观测其微观组织形貌。在高温蠕变下，随着时间增加，合金出现筏化、解筏现象，合金在试验中所受载荷均沿[001]取向，观察到合金的筏化组织均垂直于拉伸应力方向，表现为"N"形筏化。

　　A3-B-P2 合金试样经过较短时间的蠕变试验断裂后，微观组织形貌如图 7.20(a) 所示，图中γ强化相已经完全失去了原来整齐分布的立方状结构，沿着垂直于拉伸应力加载方向粗化生长，连接成条状结构；随着γ强化相的定向生长，平行于拉伸应力加载方向的基体通道基本上全部消失，粗化的γ强化相融合连接在一起，垂直于拉伸应力加载方向的基体通道宽度变大。

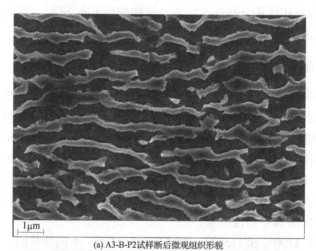

(a) A3-B-P2试样断后微观组织形貌

(b) A2-B-P2试样断后微观组织形貌

图 7.20　1150℃同种条件下蠕变试验断后微观组织形貌

合金试样 A2-B-P2 试样经过较长时间的蠕变试验断裂后，微观组织形貌如图 7.20(b)所示，图中合金的微观组织不再呈现迷宫状，相比于同等条件下蠕变断裂后的合金微观组织形貌图，γ′强化相不仅沿着垂直于拉伸应力加载方向定向粗化，平行于拉伸应力加载方向也发生了粗化现象，γ′强化相又从有序的条状结构变得杂乱无章，γ基体相被分割为短条状，出现解筏现象。蠕变过程中合金γ′强化相的筏化程度，随蠕变时间增加，γ′强化相筏化先逐步完善，再不断解筏。

镍基单晶合金中γ′强化相可以有效阻碍位错滑移，较高体积分数的γ′强化相可以使合金具有良好的抗蠕变性，完善的筏状结构可以使得合金在蠕变过程中保持稳定的蠕变应变率。随着蠕变进行，镍基单晶合金γ′强化相会逐渐开始形成片状的筏化结构，γ′强化相体积分数逐渐降低，抗蠕变性不断下降。γ′强化相解筏后，合金蠕变速率迅速上升，蠕变损伤不断累积，抗蠕变性会急剧下降。

7.3.4 试验小结

针对某型发动机高压涡轮工作叶片，对在不同部位取样后的小试样进行了持久试验，并用扫描电子显微镜对断口和微观组织进行了观察，得到以下结论：

(1) 通过超景深光学显微镜观测，蠕变试验后试验件涂层面的涂层呈白色，涂层均未发生剥落，但可观察到涂层面均产生裂纹。非涂层面的表面颜色由于氧化比较严重，呈现灰绿色，尤其在高温 1100℃ 和 1150℃ 条件下，其氧化程度较高，出现了很明显的氧化物脱落的痕迹。断口处出现明显的颈缩，断口不能很好地吻合，说明蠕变断裂属于韧性断裂。

(2) 在高温 1100℃ 和 1150℃，同等应力条件下，不同叶片同一部位蠕变寿命的数据分散性较小。不同部位试样在同等条件下的蠕变寿命差异性不大，小试样蠕变寿命出现明显的薄壁效应。对于不同叶片同一部位的小试样，其蠕变寿命基本呈现出相同的变化趋势；对于同一叶片不同部位小试样，其蠕变寿命也基本呈现出相同的变化趋势，可见，对于不同编号叶片，其蠕变寿命具有一定的分散性。综合分析可知，不同叶片同一部位及同一叶片不同部位的蠕变寿命分散性主要来自铸造叶片本身存在一定的分散性，以及小试样的尺寸效应和薄壁效应。

(3) 通过 SEM 断口分析，蠕变试验后的断口截面出现大量的韧窝、韧纹结构，断面可以找到明显的方形解理平面和孔洞，呈现出典型的蠕变断裂特征。断裂面氧化明显，每个方形解理平面都是由撕裂棱和小平面组成的，中心出现微小孔洞，裂纹从孔洞处向周围扩展，合金由内而外发生破坏。

(4) 通过 SEM 微观组织演化分析，随着蠕变进行，镍基单晶合金γ′强化相体积分数不断降低，抗蠕变性不断下降，较高体积分数的γ′强化相可以使合金具有良好的抗蠕变性。

7.4　导向叶片持久试验

7.4.1　材料及试样

　　试验件材料为定向凝固合金，通过扫描电子显微镜观测得到不同部位(叶盆、叶背和隔板)原始材料的微观组织形貌如图 7.21 所示，网状的为γ基体，内部不规则立方化程度较高的为γ'强化相，γ'强化相均匀地分布在γ基体中，γ'强化相的形貌特征、尺寸大小、分布情况和体积分数在不同的取样位置处并没有明显差别。这可能是因为新叶片未经历高温和载荷作用，且取样位置相对较为平直。在铸造过程中，并不存在叶片形状和几何突变导致的显微组织差异。

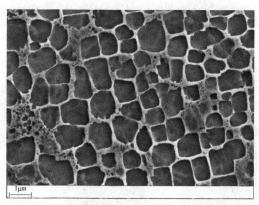

图 7.21　导向叶片初始微观组织形貌图

　　选取具有典型结构特征的小试样，采用有限元仿真计算其应力分布，其结果如图 7.22 所示，模拟过程中，最大应力主要集中在小试样的标距段内，可预测其断裂位置也均在标距段内。

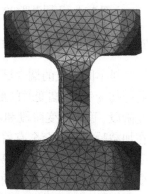

图 7.22　不同部位有限元仿真计算应力分布云图

采用与工作叶片持久试验相同的设备、装置及试验方案，完成了导向叶片不同部位的蠕变试验。试验结束后对试验件进行整理、记录，不同部位断裂整体形貌如图 7.23 所示。不同温度(900℃、1000℃和 1150℃)下导向叶片蠕变试验后局部形貌如图 7.24 所示。在 900℃和 1000℃条件下，试验件颜色变深，断裂后会出现明显的颈缩，试样本身的有效承载面积减少，说明蠕变断裂属于韧性断裂。在高温 1150℃条件下，试验件的表面氧化非常严重，呈现灰绿色，断口处变形很大，表面出现了很明显的氧化物脱落痕迹。

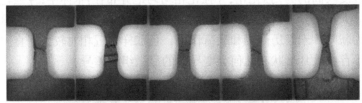

图 7.23　导向叶片蠕变试验后不同部位整体形貌图

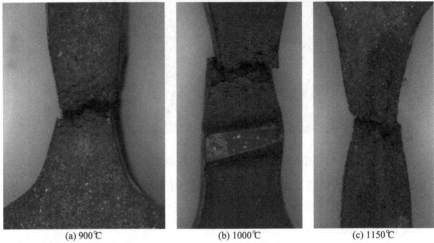

　　　(a) 900℃　　　　　　　　　(b) 1000℃　　　　　　　　(c) 1150℃

图 7.24　不同温度(900℃、1000℃和 1150℃)下导向叶片蠕变试验后局部形貌图

7.4.2　导向叶片蠕变试验结果分析

对不同部位的蠕变试验数据进行处理，用 Origin 绘制蠕变曲线，其蠕变断裂后的蠕变变形–蠕变时间曲线大致如图 7.25 所示。整个蠕变过程分为初始减速蠕变阶段、稳态蠕变阶段和加速蠕变阶段。初始减速蠕变阶段经历的时间比较短暂，在加载瞬间高温合金有着较大的蠕变应变率，随后蠕变应变率迅速降低，之后趋于平稳，合金进入蠕变第二阶段；稳态蠕变阶段合金的蠕变应变率基本上保持不变，稳态蠕变阶段持续的时间较长，随后蠕变应变率开始增加，合金进入蠕变第三阶段；加速蠕变阶段合金的蠕变应变率迅速增加，高温合金发生蠕变断裂。

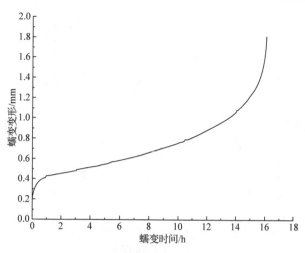

图 7.25　蠕变变形-蠕变时间曲线图

如图 7.26 所示，本小节对 5 个不同导向叶片在相同部位的蠕变寿命进行了分析，从图中可以看出，对于同一部位的小试样，不同导向叶片的蠕变寿命基本呈现出降低-升高的变化趋势，在同一温度和应力条件下，P5 部位的蠕变寿命基本高于 P6。同时，本节对同一导向叶片不同部位的蠕变寿命进行了分析，从图 7.27 中可以看出，同一导向叶片不同部位小试样的蠕变寿命呈现出升高-降低的变化趋势，可见，对于不同编号的导向叶片，其蠕变寿命本身具有一定的分散性。

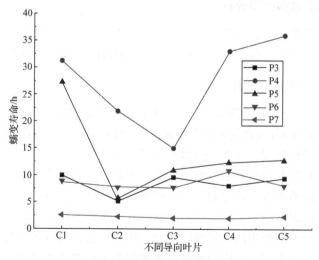

图 7.26　不同导向叶片相同部位的蠕变寿命变化趋势图

从图 7.26 和图 7.27 中试验结果的数据可知，在同等温度条件下，导向叶片不同部位的蠕变寿命具有一定的差异性。在同等温度(900℃)下，随着应力的增加，

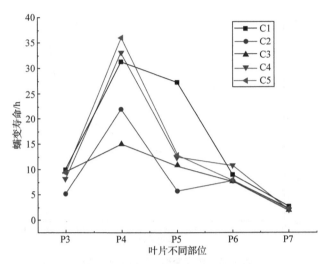

图 7.27　同一导向叶片不同部位的蠕变寿命变化趋势图

蠕变寿命会缩短。在 1000℃条件下，导向叶片 P3 部位蠕变寿命分散性较小，编号 C2-B-P3 试样的蠕变寿命偏短。其断口存在大量铸造空洞，这是其蠕变寿命短的主要原因。在较高温度 1150℃下，蠕变寿命的分散性较小，断面出现非常大的颈缩变形，断口有大量空洞，合金蠕变寿命较短。与理论蠕变寿命相比，大多数情况下，真实导向叶片取样后小试样的实际蠕变寿命会出现不同程度的下降。

7.4.3　持久蠕变试验断口分析

蠕变试验结束后，将试验件断口泡在无水乙醇中，并用超声波对断口进行清洗 20min，除去试件表面杂质，便于观察。采用扫描电镜对断口进行了观测。

1. P3 试样典型断口分析

如图 7.28 所示，在解理面中心的空洞为蠕变期间形成的空洞或初始裂纹源。当裂纹在不同高度横断面沿γ'/γ两相界面扩展，通过撕裂棱或二次解理面相互连通时，即可发生解理断裂，并在不同解理面形成解理台阶，如图 7.28b 和 e 所示。在蠕变后期，由于主/次滑移系的交替开动，首先在γ'/γ两相界面形成微空洞，并逐渐在微空洞周边沿垂直于应力轴方向出现裂纹。随蠕变进行，裂纹向四周扩展，故形成放射状解理条纹。当样品在不同高度发生多个裂纹的扩展时，在裂纹尖端及不同高度裂纹之间产生较大的剪切应力，使裂纹沿较大剪切应力方向撕裂，与另一裂纹相连，直至裂纹在横断面完全连通而发生蠕变断裂，故合金的断口呈现凹凸不平的解理断裂特征。在高温及施加高应力的共同作用下，空洞的数量增加，尺寸增大，并逐渐相互连接形成有效的裂纹源。随蠕变进行，空洞垂直于应力轴呈放射状扩展，形成如图 7.28c 和 f 所示的四方形解理面。

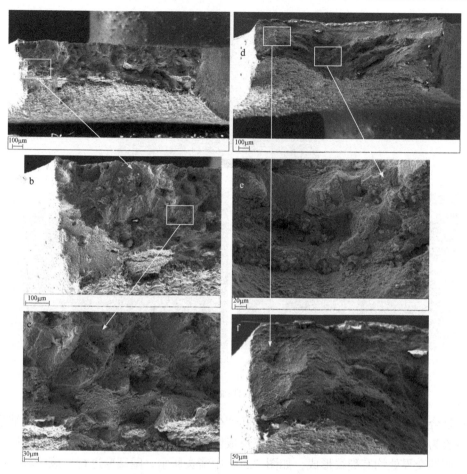

图 7.28　1000℃条件下蠕变断口形貌图

a，d-断口整体图；b，c，e，f-断口局部图

2. P4 试样典型断口分析

用扫描电镜对 A8-1-B-P4 试样在 900℃、312MP 条件下的蠕变断裂试样的断口形貌进行观察，结果如图 7.29 所示。从图中可以看出，大量空洞在试样断口部分出现，且在空洞附近有着韧窝聚集，由此可以判断此蠕变断裂为典型的韧性断裂，韧性断裂最主要的特征是空洞聚集连接着韧窝。

A9-2-B-P4 试样在 900℃条件下蠕变断裂后的断口形貌如图 7.30 所示。断口的形貌特征如下：由一组与拉伸轴成一定角度的平面构成台阶，台阶的纵向平面与横截面平整、规则，表现出脆性断裂特征及明显的阶梯状解理断裂特征，如图 7.30b 所示，且阶梯状台阶较平的解理面与纸面平行，该解理面与另一解理面垂直。还可以看出，在台阶的纵平面上分布着一些小圆孔，如果认为该类小圆

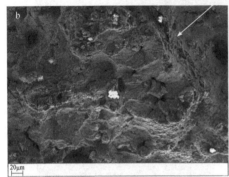

图 7.29　A8-1-B-P4 试样在 900℃、312MP 条件下蠕变断口形貌图

a-断口整体图；b，c-断口局部图；图 7.30～图 7.32 同

孔是合金中原有的缺陷，或是蠕变期间产生的微裂纹，则在蠕变后期，这些缺陷将成为裂纹源，逐渐发生裂纹扩展，形成断裂的解理面。在台阶的边缘及不同解理面的交界处均有裂纹形成，如图 7.30c 中箭头所示，随蠕变进行，该区域裂纹逐渐扩展连接，与孔洞的共同作用，最终导致合金发生蠕变断裂。

3. P5 试样典型断口分析

如图 7.31 所示，在断口中央出现了许多不规则的起伏。在样品的边缘处可以观察到大量的空洞，在更高的放大倍数下，断口中的显微孔洞清晰可见，图示的整个断口呈海绵状，断口内可以观察到大量大型韧窝和撕裂棱，可以推断出此时的断裂机制已转变为纯韧性断裂。断口在宏观上呈尖锐的楔形特征，断裂机制为纯剪切型断裂。这是因为当拉伸温度提高时，合金中γ基体的变形能力也随之增大。因此，位错滑移会变得更加频繁，当合金中累积的塑性变形超过一定限度时，最终会导致各滑移面分离，引发断裂。

4. P6 试样典型断口分析

如图 7.32 所示，蠕变断裂的界面较平，类似于韧性断裂的特征，这是过高的

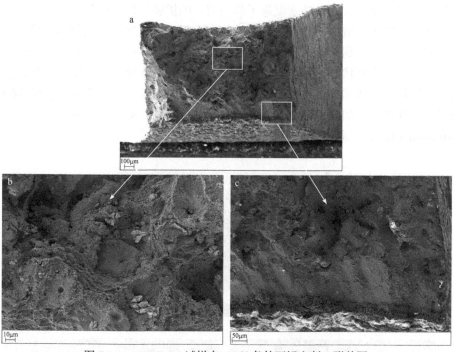

图 7.30　A9-2-B-P7 试样在 900℃条件下蠕变断口形貌图

图 7.31　P5 试样 900℃条件下蠕变断口形貌图

峰值应力和温度造成的。蠕变促进了晶间裂纹的扩展与颗粒脱落。因此，对材料的损伤造成影响，增加了材料的微观缺陷。由于蠕变促进微小孔洞迅速聚集，在该蠕变试验下观察到断口的孔洞较大且数量较少，高温持久应力状态下使得微裂纹长时间处于张开状态，裂纹附近的氧化和裂纹尖端氧化的渗透作用加剧，促进裂纹的扩展，从而缩短了材料的断裂时间。蠕变是塑性变形的逐渐累积引起的，晶界处存在缺陷、加载，突变孔洞聚集会导致夹杂物、第二相与基体分离，蠕变的孔洞相对较大，而韧窝的数量较小。

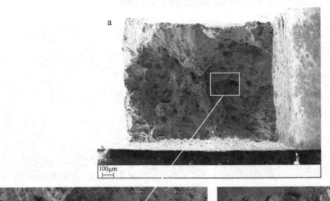

图 7.32　P6 试样 900℃条件下蠕变断口形貌图

5. P7 试样典型断口分析

　　如图 7.33 所示，试样的颈缩现象较之前的更为明显，拉伸断口上呈现大而深的韧窝，韧窝的深度明显增加，几乎全部形成孔洞。断口越来越不均匀，韧窝深度过大，断口起伏程度增大；在蠕变早期孔洞形核之后，随着蠕变的不断进行，塑性应变不断增加。在高温及施加高应力的共同作用下，孔洞的数量增加，尺寸增大，孔洞不断生长，最终相邻孔洞发生汇聚形成微观细纹甚至是微裂纹，并逐渐相互连接形成有效的裂纹源。显微孔洞在蠕变过程中形成并逐渐长大，最终聚集在一起导致断裂。

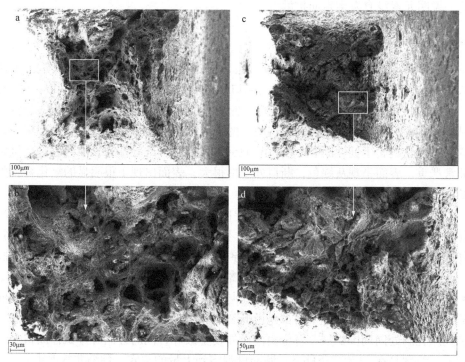

图 7.33　1150℃条件下蠕变断口形貌图

a，c-断口整体图；b，d-断口局部图

挑选试验后的典型断口经抛光、腐蚀之后在扫描电子显微镜下的微观结构如图 7.34 所示，除γ和γ′相外，在枝晶间可观察到γ+γ′共晶相及白色碳化物。γ′相的变化不是很明显，γ′相虽然由不规则立方体状变为椭球形状，但不同温度条件下蠕变

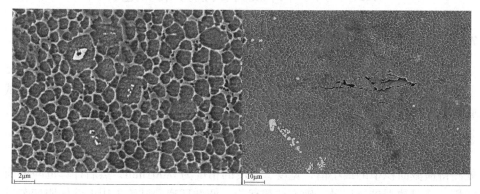

图 7.34　定向凝固合金蠕变后的显微组织

后的微观组织变化不大,蠕变断裂后γ'相没有定向筏化现象,形貌没有发生明显变化,说明元素没有发生定向扩散。

7.4.4 试验小结

针对某型发动机高压涡轮导向叶片,对在不同部位取样后的小试样进行了持久蠕变试验,并用扫描电子显微镜对断口和微观组织进行了观察,得到以下结论:

(1) 通过超景深光学显微镜观测,在 900℃和 1000℃条件下,蠕变试验后的试样颜色变深,断裂后试样会出现明显的颈缩,试样本身的有效承载面积减少,说明蠕变断裂属于韧性断裂。在高温 1150℃条件下,试验件的表面颜色由于氧化非常严重,表面呈现灰绿色,断口处变形很大,表面出现了很明显的氧化物脱落的痕迹。

(2) 对于同一部位的小试样,不同导向叶片的蠕变寿命基本呈现出降低-升高且大致相同的变化趋势;同一导向叶片不同部位小试样的蠕变寿命呈现出升高-降低的变化趋势,可见,对于不同编号导向叶片,其蠕变寿命具有一定的分散性。

(3) 通过 SEM 断口分析,导向叶片蠕变试验后的断口截面出现大量的韧窝,断面可以找到明显的方形解理平面和孔洞,呈现出典型的蠕变断裂特征。断裂面氧化明显,每个方形解理平面都是由撕裂棱和小平面组成,中心出现微小孔洞,裂纹从孔洞处向周围扩展,合金由内而外发生破坏,同时导向叶片试样断口空穴较多,特别是在 1150℃条件下,断面可观察到大量的空穴,颈缩非常严重。

(4) 通过 SEM 微观组织分析,蠕变试验后,在定向凝固合金枝晶间可观察到γ+γ'共晶相及白色碳化物,γ'相的变化不是很明显,蠕变断裂后γ'相没有定向筏化现象。

7.5 导向叶片疲劳试验方案及过程

7.5.1 导向叶片疲劳试验装置及疲劳试验

结合叶片割取小试样的尺寸及带有应力过渡段的小试样设计,开发了如图 7.35 所示的小试样测试装置,夹具材料为高温合金 DZ125,通过线切割加工而成。试验机施加的载荷通过小试样的左右两臂传递,将热电偶丝绑在小试样上测量温度,采用销孔连接,夹具各部件同轴度高,具有良好的对中性和稳定性。

疲劳试验前,采用超景深显微镜在试验段任选 3 处测量宽度、厚度,取用三处测得横截面积中的最小值,宽度、厚度的精度为 0.001mm,然后计算危险截面面积,并对数据进行记录,确定加载载荷。低循环疲劳试验采用电液伺服疲劳试验机,参考《金属材料 疲劳试验 轴向力控制方法》(GB/T 3075—2021)测定高

图 7.35　小试样高温疲劳试验夹具

压涡轮叶片小试样的低循环疲劳力学性能。将试验件通过夹具安装在试验机上，低循环交替载荷由疲劳试验机来控制，采用应力比为 0.05 的拉-拉载荷，加载规律遵循三角波波形。高温试验环境采用电阻丝高温炉加热保证，温度由热电偶测量和控制。试验过程中记录试样断裂寿命、循环数和载荷的原始数据。试验件达到预期的循环数(疲劳寿命 Nf)或发生断裂，试验终止，通过扫描电镜(SEM)对断口局部进行微观形貌观测，进而分析小试样的疲劳断裂机理。

　　用有限元仿真计算了疲劳小试样的应力分布，其结果如图 7.36 所示，小试样的主要最大主应力分布在标距段内，可预测其断裂位置也在标距段内。

图 7.36　疲劳小试样应力分布云图

试验结束后对试验件进行整理、记录，将试验结束后的试验件进行手动拼摆，排列整齐放在白板上进行拍照,断后试验件整体形貌如图 7.37 所示。从试验后的表面形貌可以发现,850℃条件下的疲劳试验件试验后,表面颜色变暗,断裂后的试样均没有明显的颈缩,说明疲劳断裂属于脆性断裂。

图 7.37　疲劳试验后试样整体形貌图

7.5.2　导向叶片疲劳试验结果数据汇总及分析

所有疲劳试验结果经汇总整理可得,导向叶片小试样低周疲劳试验数据见表7.3。

表 7.3　导向叶片不同部位疲劳试验数据统计表

编号	温度/℃	载荷	疲劳寿命(Nf)	备注
C1-B-P1			0.24	—
C2-B-P1			0.15	—
C3-B-P1			0.18	—
C4-B-P1			0.40	—
C5-B-P1			0.56	—
C1-B-P2	980	$\sigma1$	0.32	—
C2-B-P2			0.19	—
C3-B-P2			0.46	—
C4-B-P2			0.36	异常
C5-B-P2			0.01	—

从表 7.3 所示试验结果的数据可知,在同等温度、应力条件下,导向叶片不同部位疲劳寿命的分散性较小。如图 7.38 所示,剔除掉异常数据点,将超过预期疲劳寿命的数据点均归一化为 Nf。本节对不同导向叶片在相同部位的疲劳寿命进行了分析,从图 7.38 中可以看出,对于同一部位的小试样,不同叶片的疲劳寿命大致呈现出降低-升高的变化趋势,在同一温度和应力条件下,疲劳寿命的数据分散性不大。可见,对于不同导向叶片,其疲劳寿命具有一定的分散性,编号 C2 叶

片不同部位的疲劳寿命偏低，与导向叶片蠕变试验结果一致。

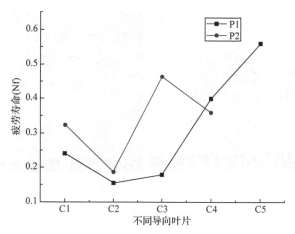

图 7.38　不同导向叶片相同位置的疲劳寿命图

7.5.3　疲劳试验断口分析

1. P1 试样典型断口分析

分析 P1 试样的典型断口如图 7.39 和图 7.40 所示。总体来看，这两个试样的断口形貌几乎一致，裂纹均从试样几何过渡处萌生，断口平面表现出光滑特征，裂纹几何状态近似椭圆沿试样厚度方向发散，在试样近似穿透厚度时，裂纹迅速扩展直至最后拉裂。从断口上看，裂纹扩展区约占整个断口平面的 2/5。

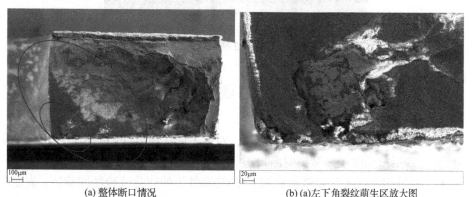

(a) 整体断口情况　　　　　　　(b) (a) 左下角裂纹萌生区放大图

图 7.39　C1-B-P1 疲劳断口形貌图

2. P2 试样典型断口分析

分析 P2 试样的典型断口如图 7.41 所示。从图中可看出，断口整体呈现出标距段长度方向平面处萌生，位于试样断口平面的正下方，这可能是喷砂去除了涂层，对亚表面(距离自由平面较浅深度)造成损伤。

(a) 整体断口情况　　　　　　　　　　(b) (a) 右下角裂纹萌生区放大图

图 7.40　C2-B-P1 疲劳断口形貌图

图 7.41　C2-B-P2 疲劳断口形貌图

7.6　本章小结

　　针对某型发动机高压涡轮导向叶片，对在不同部位取样后的小试样进行了疲劳试验，并用扫描电子显微镜对断口进行了观察，得到以下结论：

　　(1) 通过超景深光学显微镜观测，850℃条件下的疲劳试验件试验后，表面颜色变暗，断裂后的试样均没有明显的颈缩，说明疲劳断裂属于脆性断裂。

　　(2) 在同等温度、应力条件下，导向叶片不同部位的疲劳寿命的分散性较小，基本可达到同一数量级。对于同一部位的小试样，不同导向叶片的疲劳寿命大致呈现出降低-升高的变化趋势，可见，对于不同编号导向叶片，其疲劳寿命具有一定的分散性。

　　(3) 通过 SEM 断口分析,导向叶片疲劳试验后的断口,裂纹源主要位于表面,形貌呈放射状,断面呈晶体学平面滑移断裂。

参 考 文 献

[1] Li F, Wen Z X, Luo L, et al. Fatigue life estimation of nickel-based single crystal superalloy with different inclined film cooling holes: Initial damage quantification and coupling of damage-fracture mechanics models[J]. International Journal of Plasticity, 2024, 176: 103967.

[2] Lu H, Lian Y D, Wang J D, et al. Vibration fatigue assessment and crack propagation mechanism of directionally solidified superalloy with film cooling holes[J]. International Journal of Fatigue, 2024, 187: 108456.

[3] Wang J D, Liu T Y, Yang L K, et al. Stress redistribution and stress triaxiality effect on the fatigue life of notched Ni-based single crystal superalloy at 760℃[J]. Theoretical and Applied Fracture Mechanics, 2024, 131: 104380.

[4] Pei H Q, Wang S S, Yang Y Z, et al. Thermal fatigue failure analysis and life assessment of Ni-based single crystal superalloys with film cooling holes[J]. Engineering Fracture Mechanics, 2024, 301: 110036.

[5] Bensch M, Preuner Johannes, Hüttner R, et al. Modelling and analysis of the oxidation influence on creep behaviour of thin-walled structures of the single-crystal nickel-base superalloy René N5 at 980℃[J]. Acta Materialia, 2010, 58(5): 1607-1617.

[6] Brunner M, Bensch M, Vlkl R, et al. Thickness influence on creep properties for Ni-based superalloy M247LC SX[J]. Materials Science and Engineering A, 2012, 550: 254-262.

[7] Srivastava A, Gopagoni S, Needleman A, et al. Effect of specimen thickness on the creep response of a Ni-based single-crystal superalloy[J]. Acta Materialia. 2012, 60(16): 5697-5711.

[8] Wen D F, Wen Z X, Yue Z F, et al. Thickness influence on the creep response of DD6 Ni-based single-crystal superalloy[J]. High Temperature Materials and Processes, 2016, 35(9): 871-880.

[9] Holländer D, Kulawinski D, Weidner A, et al. Small-scale specimen testing for fatigue life assessment of service-exposed industrial gas turbine blades[J]. International Journal of Fatigue, 2016, 92(1): 262-271.

[10] Wen Z X, Zhang D, Li S, et al. Anisotropic creep damage and fracture mechanism of nickel-base single crystal superalloy under multiaxial stress[J]. Journal of Alloys & Compounds, 2017, 692(1): 301-312.

[11] 范永升, 杨晓光, 王相平, 等. 涡轮叶片小尺寸试样取样及高温疲劳试验夹持方法[J]. 航空发动机, 2022, 48(2): 114-120.

[12] Zhang C J, Hu Weibing, Wen Z X, et al. Creep residual life prediction of a nickel-based single crystal superalloy based on microstructure evolution[J]. Materials Science & Engineering: A, 2019, 756(1): 108-118.

第8章 叶片资源及数据管理

在小试样取样试验中，叶片取样编码是不容忽视的，本章将描述两种通用的叶片取样编码方法。通过该编码可对叶片切割小试样进行系统管理，该套编码可扩展至其他叶片试验。

8.1 叶片分区域取样编码规则

叶片分区域取样编码，便于叶片上叶盆和叶背的分离，特别是对于双层壁叶片，通常要将双层壁的内外壁分离，由于叶片弧度较大，需要将叶片进行分区后依次解剖，分割为较小的片状试样，再分别切割成工字形小试样。

叶片切割小试样后采用五级编码，一级编码为叶片批次，二级编码为叶片编号，三级编码为叶片分层，四级编码为每层细分编号，五级编码为编号内叶片细分(若为双层壁叶片，采用编码 N(内壁)、W(外壁)、S(取样后余料))。

叶片批次由所在单位提供，叶片编码由生产叶片单位提供。根据涡轮叶片服役时的应力场和温度场分布，将叶片沿叶身方向划分为四个区域，即三级编码，如图 8.1 所示。将叶片横向截断为四个部分，缘板以上依次为 A1、A2、A3，榫齿部分为 A4，此为三级编码。

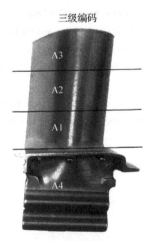

图 8.1 叶片三级编码示意图

每层叶片按照由叶盆到叶背，从左至右、从上至下的原则依次编码取样，取样部位可依次划分为 1～5 个次区域，非取样的部位也按照同样的编码规则，其编号为 F1、F2，其中 F 表示非取样部分，如图 8.2 所示，取样部位的编号依次为 A-01、A-02、A-03、A-04、A-05。

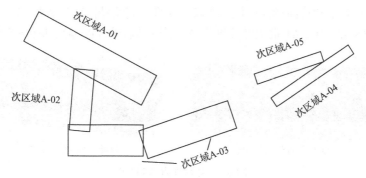

图 8.2　每层取样区域划分

若涡轮叶片为双层壁叶片，则有五级编码，分别以 N(内壁)、W(外壁)命名。

下面介绍该方法叶片取样编码应用实例。本章以某研究所提供的 02LA1 批次 01S 叶片为例，具体阐述小试样编码，编码具体意义解释如下：

(1) 叶片批次 02LA1 表示 02 轮试车后的叶片，该编码由叶片型号所属单位(中国航发沈阳发动机研究所)提供；

(2) 叶片编号 01S 表示此叶片为正式切割前的叶片，该编码由叶片生产单位(中航航发北京航空材料研究院)提供；

(3) 叶片分层。针对研究所提供的叶片，将叶片沿叶高方向进行解剖分离，根据叶片取样编码规则，缘板以上编号依次为 A1、A2、A3，榫齿部分为 A4。叶片分层后的区域划分如图 8.3 所示，按照最大取样量原则，每层叶片按照由叶盆到叶背、从左至右、从上至下的原则依次编码取样，取样部位可依次划分为 1～5 个区域，非取样的部位也按照同样的编码规则，其编号为 F1、F2，其中 F 表示非取样部分。以分割出接近缘板的 A1 层叶片为例，细分情况如图 8.3(b)所示，分层后的叶片，按照以上编码规则，其编号依次为 A1-01、A1-02、A1-03、A1-04、A1-05。切割后未能取样部分的编号为 A1-F1、A1-F2。

(a) 双层壁叶片示意图

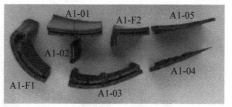

(b) 双层壁叶片解剖示例

图 8.3　叶片分层后靠近缘板的 A1 层叶片细分编码示意图

如图 8.4 为榫齿部分 A4 区域，叶盆面榫齿区域为 PS、叶背面榫齿区域为 BS。如存在保留榫齿整体，从侧面取样的情况，则榫齿部分分层为 S。因此，对于 02LA1 批次叶片的叶盆面榫齿区域，共取样 3 件，其编号依次为 A4-PS-01、A4-PS-02、A4-PS-03；对于叶背面榫齿区域，共取样 3 件，其编号依次为 A4-BS-01、A4-BS-02、A4-BS-03。02LA1 批次叶片榫齿 A4 层取样后试样的编码如图 8.5 所示。

(a) 叶盆面榫齿区域PS　　　　　　　　　　(b) 叶背面榫齿区域BS

图 8.4　叶片榫齿 A4 区域

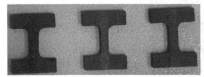 

(a) A4-PS-01、A4-PS-02、A4-PS-03　　　　(b) A4-BS-01、A4-BS-02、A4-BS-03

图 8.5　02LA1 批次叶片榫齿 A4 层取样后试样的编码

(4) 编号内叶片细分(N/W/S)。例如，涡轮叶片为双层壁叶片，每层每个编号的区域可能存在取两个试样的情况，依据外壁和内壁，可划分为 N(内壁)、W(外壁)编码，取样后的余料统一归为 S(取样后余料)。对于 02LA1 双层壁涡轮叶片，如图 8.6 所示，A1 区域共成功切割小试样 6 件，图中给出了切割后所有试样的编码，其编码均是唯一的。

(a) 02LA1-01S-A1-01-1N　　　　　　　　(b) 02LA1-01S-A1-01-1W

(c) 02LA1-01S-A1-02(隔板试样)　　　　　(d) 02LA1-01S-A1-03-1W

(e) 02LA1-01S-A1-04　　　　　　　　　(f) 02LA1-01S-A1-05

图 8.6　02LA1 批次叶片 A1 层取样后试样的编码

根据上述取样编码规则，02LA1 批次叶片取样后，所有成功取样的试样编码如表 8.1 所示。

表 8.1　02LA1 叶片取样部位所有试样编码

叶片批次	叶片编号	叶片分层	每层细分编号
02LA1	01S	A1(靠近缘板)	01-1N, 01-1W
			02
			03-1W
			04
			05
		A2	01-1N, 01-1W
			02
			03-1N, 03-1W
			04
			05
		A3	03-1N, 03-1W
			04
			05
		A4(榫齿)	PS-01
			PS-02
			PS-03
			BS-01
			BS-02
			BS-03

8.2　叶片最大化取样编码规则

该方法叶片编码采用五级编码，一级编码为叶片批次，该编码由叶片型号所属单位提供；二级编码为叶片编号，该编码由叶片生产单位提供；三级编码根据叶片位置，叶盆区域 P、叶背区域 B、叶盆面榫齿区域 PS、叶背面榫齿区域 BS，如存在保留榫齿整体，从侧面取样的情况，则榫齿部分分层为 S。

　　按照最大取样量原则，对于叶盆，进行错位取样，如图 8.7 所示，沿叶高方向，从左到右，从上到下，叶盆部位依次命名为 P-01、P-02……；同理，叶背部位依次命名为 B-01、B-02……，此为四级编码。若涡轮叶片为双层壁叶片，叶盆和叶背区域则有五级编码，分别以 N(内壁)、W(外壁)命名。双层壁叶片需要将叶片的内外层小试样再进行解剖。按照最大取样量原则取样的叶片每层细分编码如图 8.8 所示。

图 8.7　按照最大取样量原则错位取样

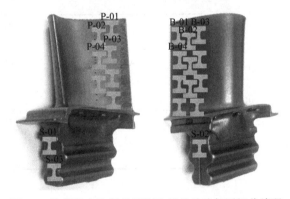

图 8.8　按照最大取样量原则取样的叶片每层细分编码

8.3　叶片取样硬件管理规则

　　以 02LA1 批次 01S 叶片为例，阐述叶片取样后的余料管理。如图 8.9 所示，同一叶片解剖后的试样与余料统一放置在一个盒子内，盒外注明一次解剖编号及分布，盒内子单元按一次解剖分类的二次解剖结果，子单元盖上注明试样及余料编号。榫齿部分由于余料较多，单独放置一个子单元。子单元内用自封袋分别封装试样与余料，自封袋上注明标签。

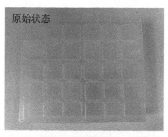
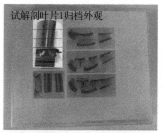

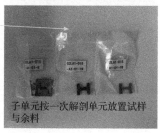

图 8.9　叶片取样后小试样及余料管理

8.4　本 章 小 结

　　本章针对叶片小试样取样试验中的叶片取样编码和数据管理进行了归纳和总结，取样编码规则包括：叶片分区域取样编码规则和叶片最大化取样编码规则，根据具体的叶片试验规划，可选择不同的取样编码规则，该编码可对叶片切割小试样进行系统管理，同时可扩展至其他叶片试验。根据大量叶片小试样取样试验，本章总结了叶片取样后的硬件管理规则，该规则可对取样后的小试样试验件、余料等进行系统管理。